FRANK NISCHK

DIE FABELHAFTE WELT DER *fiesen* TIERE

FRANK NISCHK

DIE FABELHAFTE WELT DER *fiesen* TIERE

Von fürsorglichen Schaben, tauchenden Libellen und boxenden Krebsen

Eine Liebe auf den zweiten Blick

LUDWIG

Klimaneutral
Druckprodukt
ClimatePartner.com/14044-1912-1001

MIX
Papier aus verantwortungsvollen Quellen
FSC® C014889
FSC www.fsc.org

Verlagsgruppe Random House FSC® N001967

unter Verwendung der Illustrationen von LiliiaKyrylenko/Bigstock,
Decentstock/Bigstock, Evgenia_1990/Bigstock und irkus/Bigstock
Redaktion: Angelika Lieke
Umschlaggestaltung: Eisele Grafik-Design, München
Innenillustrationen: Stephanie Raba
Satz: Leingärtner, Nabburg
Druck und Bindung: Pustet, Regensburg
Printed in Germany
ISBN: 978-3-453-28114-1

www.ludwig-verlag.de

Inhalt

Für Martin Dambach

EINLEITUNG

Forscher, nicht Streichelbiologe

Der Herr der Ratten und der Mäuse
Der Fliegen, Frösche, Wanzen, Läuse …

Johann Wolfgang von Goethe:
Faust, der Tragödie erster Teil

»Fränkie, komm schnell! Im Garten ist ein Waran!« Es war die Stimme meiner Mutter, die durchs Haus drang und mich sofort in Alarmbereitschaft versetzte. Die Vorstellung, dass sich ein indonesisches Raubtier, ein Riesenreptil, durch die Tulpenbeete meines Vaters schlängelte, manifestierte sich sofort in meinem noch unreifen Gehirn. Die geringe Plausibilität dieses Gedankens blendete ich aus und stürzte ans Fenster. »Wo? Wo? WO IST ER?« Meine Augen scannten jeden Quadratzentimeter unseres Ziergartens. Mein Forscherherz schlug wild.

Reptilien waren mein Ding, als ich klein war. Dafür habe ich mich nie besonders für Ponys interessiert. Und es war nie mein Herzenswunsch, einen Hund als Spielgefährten zu haben. Ich war immun gegenüber den Verlockungen knopfäugiger Hundewelpen, tapsiger Kätzchen oder putziger Goldhamster. Stattdessen war, so lange ich zurückdenken kann, einer meiner Lieblingsorte das große Terrarium der Bindenwarane im Aquarium des Kölner Zoos. Stundenlang hätte ich den schlanken Riesenechsen dabei zusehen können, wie sie träge auf dem Betonboden ihres Kölner Zuhauses herumlagen. Ab und an schwamm eines der Tiere durch das Wasserbecken des Geheges. Viel mehr passierte dort nicht. Dennoch konnte ich mich nicht von den Reptilien losreißen, was mir bei meinen Eltern und meinem zwei Jahre älteren Bruder den Ruf eines kleinen, nervigen Spinners einbrachte. Und was gemeinsame Zoobesuche in eine für meine Familie sehr zähe Angelegenheit verwandelte.

Wir wohnten damals in Wesseling, einer Kleinstadt vor den Toren Kölns. »Stadt« war zu jener Zeit und auch heute noch ein Euphemismus für diese Siedlung am Rhein. Gewaltige Chemiefabriken und Raffinerien umzingeln die etwa dreißigtausend Bewohner. Silos, Kamine und Öfen überragen die höchsten Gebäude. Nachts, wenn die Fabriken von Tausenden Neonlampen beleuchtet sind und die Fackeln der Raffinerien brennen, erinnert das Ganze fast ein bisschen an die Skyline Manhattans. Am Tag findet man sich allerdings in einem ziemlich hässlichen Industrieort wieder.

Wir wohnten in einer kleinen Werkssiedlung, die direkt an eines der Fabriktore grenzte, alles einen Steinwurf vom Rhein entfernt. Uns Kindern war es strengstens verboten, sich dem großen Strom zu nähern, der damals eine stinkende Kloake war. Während sich die Wasserqualität des Rheins dank immer effizienterer Kläranlagen bis heute gravierend zum Guten gewendet hat, war etwas anderes besser als heute: Selbst in der kleinen Industriestadt, direkt neben der großen Fabrik, erstreckten sich verwilderte Gärten, die einem Jungen, der sich für Natur begeisterte, immer neue Entdeckungen bescherten.

Unter dem Dach unseres Werkshauses brüteten Mehlschwalben, aber diese Sommergäste, die ihre Nester an die Wand klebten, waren einfach zu normal, sodass ich sie kaum eines Blickes würdigte. Meine kleinen Expeditionen führten mich zu zirpenden Heuschrecken. Liefen wir Kinder durch die wilden Gärten, spritzten die Grashüpfer aus den üppigen Blumenwiesen. Wir fingen die Insekten und stellten zugegebenermaßen grausame Experimente mit ihnen an. Was passierte, wenn man das kleine Kerbtier in eines der vielen Spinnennetze warf? Kreuzspinnen waren in der Werkssiedlung fast genauso häufig zu finden wie Heuschrecken, Käfer, Wanzen und andere Insekten.

Aber ein Waran, eine exotische Echse, in unserem Garten? Der Wunsch, mein Lieblingstier einmal in freier Wildbahn zu sehen, war so groß, dass ich das Wort Waran hören WOLLTE, als mich meine Mutter rief. Man muss dazu sagen, dass sie Österreicherin ist. Und dass bei ihr ein hartes F gerne mal wie ein weiches W klingt – und umgekehrt. Ich löcherte sie also immer noch aufgeregt, wo das Biest denn sei. Sie zeigte in den Garten, in dem ein großer Vogel mit langen, auffälligen Schwanzfedern umherstolzierte. Kein Waran, ein Fasan, genauer ein Goldfasan, hatte sich in unsere Werkssiedlung verirrt. Meine Enttäuschung war riesig. Bis heute kann ich Fasanen, mögen sie auch noch so schön sein, nicht viel abgewinnen.

Wenn ich jetzt, fast fünfzig Jahre später, durch die Straße meiner Kindheit laufe, sehe ich, wie sich alles verändert hat. Es stehen dort zwar immer noch die alten Werkshäuser, die einst verwilderten Grundstücke aber sind bebaut oder zubetoniert und dienen als Parkplätze. In den

Gärten drehen Mähroboter ihre Runden. Ein Fasan wird sich in diesen Teil Wesselings kaum mehr verirren. Auch die meisten Insekten sind verschwunden – mit ihnen die Spinnen und die Mehlschwalben. Insektenjäger machen dort keine fette Beute mehr.

Na und?, könnte man denken. Wen kümmern schon ein paar Grashüpfer?

Die Geschichte aus meiner Kindheit steht jedoch für zweierlei: Langsam dämmert es nicht nur Wissenschaftlern, dass wir uns inmitten eines dramatischen Artensterbens befinden. Aber nicht nur Tiger, Nashörner und Gorillas sind in Gefahr. Zehntausende anderer Tierarten, die meisten von ihnen kaum größer als ein Daumennagel, verschwinden ganz lautlos. Wir bemerken es erst, wenn wir uns an die kleinen Jagden unserer Kindheit erinnern.

Das andere, was man wissen muss: Ich bin ein *Nerd*, ein Insektenlover. Ich interessiere mich also für die oftmals eher unbeliebten kleinen Tierchen. Es ist einfach, Pandas und Ponys zu lieben. Kindchenschema, Knopfaugen, weiches Fell – so funktioniert Tierliebe normalerweise. Streichelbiologen suchen im Tier das Menschliche, den besten Freund, vielleicht sogar den besseren Menschen. Was aber ist mit Blutegeln, Kakerlaken, den Seegurken und den Fadenwürmern? Ja – und natürlich auch den Bindenwaranen? 99,9 Prozent der Lebewesen sind keine Stars, aber vielleicht genauso interessant wie ein riesiger Blauwal oder ein schillernder Kolibri. Ich wollte schon als Kind kein Streichelbiologe sein, sondern als Tierforscher mithelfen, zumindest einige der unzähligen spannenden Geschichten zu erzählen, die die Evolution geschrieben hat und immer noch schreibt. Das ist der

Grund, warum ich Biologe wurde, warum ich ein Jahr lang das Verhalten von Babykakerlaken erforschte und warum es mich immer wieder auf Entdeckungsreisen in die Regenwälder Südamerikas zieht. Dort ist es vor allem das unfassbare nächtliche Konzert Tausender Insekten, Frösche und Vögel, das mich jedes Mal aufs Neue begeistert.

In diesem Buch soll es um solche Geschichten gehen, die zeigen, wie sich das Leben seinen Weg sucht. Oft sind es die unscheinbaren, die stechenden, die vermeintlich ekligen und nervenden Tierchen, die uns mit ihren Storys überraschen. Nur was wir kennen, verstehen und vielleicht sogar bereit sind zu lieben, wollen wir auch erhalten. Warum sollten am Ende nicht sogar Babykakerlaken dazugehören?

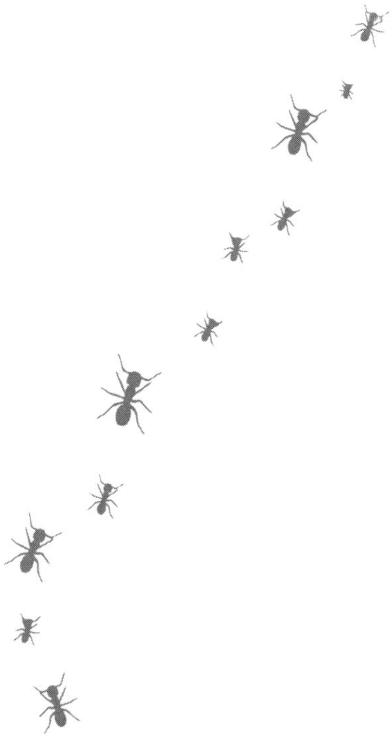

ERSTER TEIL

Das Schabenjahr

KAPITEL EINS

Kakerlaken statt Kolibris

Jede Reise hat ihren Anfang. Meine Expedition zu den unbeliebten Tieren dieses Planeten begann im Jahr 1993 in einem einfachen Hotelzimmer der kolumbianischen Millionenstadt Cali. Damals ging mein Biologiestudium in Köln dem Ende entgegen, und ich musste mir dringend ein Thema für meine Diplomarbeit suchen. Doch genauso sehr, wie ich Biologe sein mochte, wollte ich auch die Welt entdecken. Es sind die Regenwälder der Tropen, die mich seit meinen Kindertagen faszinieren. Der Amazonas, der gewaltigste Strom der Erde, war mein Sehnsuchtsort, den ich mit dem Finger im Schulatlas immer wieder nachfuhr. Also fragte ich mich durch bei Kölns Biologieprofessoren: »Wer kennt Kollegen in Südamerika, die einen Diplomanden suchen?« Zwar war ich komplett ahnungslos, was die Grundlagen der Tropenökologie betraf, dafür aber hoch motiviert.

Glücklicherweise bekam ich rasch Kontakt zu einer deutsch-kolumbianischen Forschergruppe, die mich als Praktikanten wollte. Praktikant, immerhin! Die Wissenschaftler, so erfuhr ich, hatten eine kleine Forschungsstation aufgebaut. Und zwar in einem der letzten Urwälder auf der Westseite der Anden in Kolumbien, zwei Busstunden entfernt von Cali, der drittgrößten Stadt des Landes. Der Amazonas fließt freilich auf der anderen, der Ostseite der Anden, aber das Wort Urwald elektrisierte mich sofort.

Auch das Forschungsobjekt der Biologen klang nach einem Hauptgewinn. Alles drehte sich um Kolibris, die schillernden kleinen Vögel, die brummend wie Helikopter von Blüte zu Blüte schwirren. Atemberaubende Flugakrobaten, die sogar rückwärts fliegen können und die im Schwirrflug, ohne landen zu müssen, den Nektar, ihren Treibstoff, aus den Blüten schlürfen. Eigentlich war ich damals kein *»Birder«*, also nur mäßig interessiert an der Vogelwelt. Für schillernde Kunstflieger als Eintrittskarte in den Dschungel wollte ich aber gerne eine Ausnahme machen.

Ich sagte also sofort zu und kaufte mir mein Flugticket nach Kolumbien. Die Aussichten für die folgenden Monate erschienen mir bestens – abgesehen von ein paar nicht unbedeutenden Ängsten, die langsam in mir wuchsen.

Nur wenige Länder hatten in den 1990er-Jahren so einen schlechten Ruf wie Kolumbien. Las man in der Zeitung über den Andenstaat, ging es ausschließlich um Gewalt: Drogen, Todesschwadronen und Guerillas. Jeder kannte den Namen des Drogenbosses Pablo Escobar, doch wie hieß noch mal der Präsident des Landes? Keinen Schimmer. Sicher, alle Schlagzeilen über die Mordopfer, die Entführten und die Gewalt entsprachen der Wahrheit. Doch dass es in Kolumbien auch Universitäten, Biologen und einen ganz normalen Alltag gab, war damals unvorstellbar für einen Durchschnittseuropäer.

Deshalb also saß ich in meinem billigen Hotelzimmer und wagte mich nicht hinaus in die fremde Großstadt Cali. Doch was sollte das für ein Tropenforscher werden, der schon am Großstadtdschungel scheitert? Also überlegte ich mir eine Konfrontationsstrategie, die mir helfen sollte, meine Ängste zu überwinden: Ich wollte auf direktem Weg zu Calis belebtester Straße gehen. Mir dort auf der Avenida Sexta einen Fensterplatz in einem Restaurant suchen und beim Lunch das Treiben auf der Straße beobachten – mit ausreichend Sicherheitsabstand. Wenn da Geschäftsleute, Schulkinder und andere normale Menschen auf dem Bürgersteig entlangkämen, sollte auch ich am normalen Leben Kolumbiens teilnehmen können. So mein Plan.

Zunächst lief alles wie erhofft. Nach kurzer Zeit saß ich in einem netten Restaurant, vor mir ein Teller mit Reis, Bohnen, Kochbananen und einem großen gegrillten Fisch. Auf der Straße, wie ich es mir gedacht hatte, waren Menschen wie du und ich unterwegs. Ich begann mich zu entspannen und widmete mich dem Mittagessen. Eines hatte ich aber nicht bedacht. Cali ist eine tropische Stadt, die Fenster des Lokals waren wegen der Hitze nicht verglast, keine schützende Schicht zwischen mir und den Gefahren der Metropole. Es dauerte nicht lange, und ein Obdachloser bemerkte mich im Restaurant. Er schlurfte ans Fenster, streckte seine Hand durch den glaslosen Rahmen und schaute mich fordernd an.

Gibt man einem Bettler in Cali etwas am Restaurantfenster? Der Mann sah mir beim Denken zu. Weil ihm das aber alles zu lange dauerte, schnappte er sich einfach meinen Fisch und schlenderte mampfend davon.

Mein Plan, mich langsam an das Leben in Kolumbien zu gewöhnen, schien vorerst gescheitert. Du wirst dieses Land nicht überleben, dachte ich.

Zum Glück hatte ich mich geirrt. Schon wenige Tage später war ich verliebt in das Land, in die Stadt Cali und in die fantastische tropische Natur. Mit dem Bus ging es weiter nach Bajo Anchicayá, einem kleinen Wasserkraftwerk an der alten Bergstraße, die von Cali zum Pazifikhafen Buenaventura führt. Im Gegensatz zu vielen Gegenden in den Anden waren dort die Hügel und Berge noch mit dichtem Urwald bewachsen. Vom Pazifik zogen jeden Nachmittag dicke Regenwolken auf. Kaum eine Region ist so regenreich wie Kolumbiens Westen. Steile Berge und viel Niederschlag sind die ideale Kombination, um mit der Kraft des Wassers Strom zu erzeugen. Zum Elektrizitätswerk gehörten ein Stausee, ein paar Baracken für Angestellte und Arbeiter, Werkstätten, eine Kantine und das Generatorhaus, in dem Turbinen und Generatoren Tag und Nacht surrten. Dort waren auch wir Biologen untergebracht: eine Kolumbianerin, ein deutscher Doktorand und drei Praktikanten aus Deutschland. Um uns herum, so weit wir schauen konnten, erstreckte sich der Urwald.

In den Wäldern sausten sie von Blüte zu Blüte: Kolibris mit Namen, die ebenso schillernd waren wie ihr Gefieder: *Violett-Langschwanzsylphen*, *Andenamazilien* und *Smaragde* schwirrten zwischen den Bäumen umher, brüteten und zogen ihre winzigen Küken groß. Ich befand mich inmitten meines Kindheitstraums. Noch nie war ich von so viel Schönheit umgeben gewesen, die Bäume hingen voller Bromelien und Orchideen. Baumfarne wuchsen mehrere Meter in die Höhe. Wir sahen langschnäblige Tukane und hörten die Rufe der Brüllaffen. Ich hielt meine erste *Boa constrictor*, eine drei Meter lange Würgeschlange, in der Hand. Alles schien perfekt.

Doch das stimmte nur zur Hälfte. Ich hatte es zwar in die Tropen geschafft, aber ein Tropenforscher war ich damit noch lange nicht. Stattdessen waren wir Praktikanten zwischen die Fronten eines Streits geraten. Die Biologen der Universität in Cali und mein deutscher Chef bezichtigten sich gegenseitig, Absprachen nicht einzuhalten. Das Dumme für uns war, dass die Kolumbianer am längeren Hebel saßen (zudem schienen sie obendrein im Recht zu sein). Jede Arbeitserlaubnis war für alle Deutschen – ob Professor, Doktorand oder Praktikant – von heute auf morgen erloschen. Der Traum von der Diplomarbeit im Urwald war somit gestorben. Zwar durften wir noch weiter im Paradies wohnen, waren aber zur Untätigkeit verdonnert. Das renke sich wieder ein, hörten wir aus Deutschland. Also warteten wir auf bessere Nachrichten. Eine, zwei, drei Wochen. Irgendwann dämmerte mir, dass ich im Wald von Bajo Anchicayá meine Zeit vertrödelte. So schön es dort auch war und so nett uns die Arbeiter des kleinen Elektrizitätswerkes behandelten – mein Plan war gescheitert.

Das war es dann also mit den Kolibris, dachte ich. Zwei Monate blieben mir noch bis zum Heimflug. Zwei Monate als Tourist in Kolumbien: Ich schwamm im Pazifik, bestieg Vulkane, tanzte Salsa in Calis *Salsotecas*, dann musste ich zurück nach Deutschland, mich um meine berufliche Zukunft kümmern. Kein Diplomthema würde an die Aussicht herankommen, Kolibris in Kolumbiens Urwald zu beobachten, das war mir klar. Also wollte ich mich wenigstens bei der sympathischsten Arbeitsgruppe meiner Uni bewerben – so lautete mein Plan B.

Martin Dambach war damals einer der wenigen Professoren an der Kölner Uni, der noch klassische Verhaltensforschung lehrte. Genau mein Ding also, wollte ich doch lebende Tiere und ihr Verhalten studieren. »Ja«, sagt der grauhaarige und backenbärtige Zoologe zu mir, er hätte ein Diplomthema für mich. Und ich hätte doppeltes Glück, die Arbeit sei sogar mit einer Anstellung als studentische Hilfskraft verbunden. Eine bezahlte Diplomarbeit, das war die absolute Ausnahme und somit wie ein Sechser im Lotto. Ob die Sache einen Haken habe, fragte ich. Als Antwort führte mich der Professor in eine kleine Kammer. Dort stand eine große rote Plastikbox auf dem Fußboden. Genauer, sie schwamm in einem Wassertank. Das Wasser, so erklärte er mir, sollte den Bewohnern der Kiste das Entkommen erschweren. Dann hob er den Gazedeckel von der Kiste. Den oberen Rand der Box umspannten drei schmale Metallschienen. Sie wurden laufend unter Strom gehalten. Der Grund für dieses elektrische Hindernis war derselbe wie für den Wassergraben. Die Flucht der Versuchstiere musste unbedingt verhindert werden. In der Box waren Eierkartons auf dem Boden verteilt, zwischen denen es wimmelte, alles war in Bewegung. Hunderte, nein, Tausende kleiner Schaben liefen dort umher. Mir stieg ein unangenehmer Geruch in die Nase, der mich das kommende Jahr ständig begleiten sollte.

»Wir erforschen das Aggregationsverhalten der Deutschen Schabe, *Blattella germanica*«, eröffnete mir Professor Dambach. »Die Firma Bayer interessiert sich für eine Substanz, die in den *Faeces* der Tiere enthalten ist. Diese Substanz bewirkt, dass die Tiere eng in Gruppen beisammensitzen, anders ausgedrückt, sie aggregieren. Darum Aggregationsverhalten. Bayer bezahlt Ihre Stelle.«

»Faeces?«

»Ja, die Kotpartikel der Schaben«, lernte ich noch im Schabenzuchtraum.

Schabenscheiße statt Regenwald, so tief kann man fallen, dachte ich. Dennoch willigte ich ein. Mein Diplomthema stand damit fest: nicht Kolibris in Kolumbien, sondern Kakerlaken in Köln. Wenig glamouröse Aussichten für das folgende Jahr. Oder sollte ich mich irren?

KAPITEL ZWEI

Die (nicht-)Deutsche Schabe

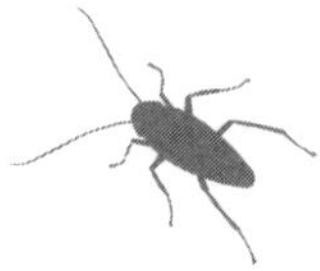

Sie ist sicher eines der unbeliebtesten Tiere der Welt, die Deutsche Schabe *Blattella germanica*. Läuft einem in der Küche ein Exemplar dieses Hausschädlings über den Weg, schrillen alle Alarmglocken. Zu Recht! Auf die eine Kakerlake, der man begegnet, kommen tausend versteckte, sagen Experten. Die Deutsche Schabe hat sich mit dem Menschen über die ganze Welt verbreitet. Die mit unter zwei Zentimetern Länge recht kleine Art besitzt ein paar Eigenschaften, die ihre einmalige Erfolgsgeschichte erklären:

Deutsche Schaben sind sehr genügsam. Ein bisschen Wärme, ein paar flache Ritzen als Unterschlupf und wenige Krümel als Nahrung reichen, und *Blattella germanica* fühlt sich bei uns Menschen zu Hause. Jede im Winter beheizte Hütte mit einer kleinen Vorratskammer ist ein potenzielles Biotop dieser Art.

Der Mensch lebt seit schätzungsweise zehn- bis zwanzigtausend Jahren in festen Behausungen. Irgendwann in diesem Zeitraum muss sich die Deutsche Schabe *Homo sapiens* angeschlossen haben. Das Erstaunliche aber ist, dass es heute keine bekannte Wildpopulation der Art mehr gibt. *Blattella germanica* hat sich komplett dem Leben an unserer Seite verschrieben. Ein paar Tausend Jahre sind in den Dimensionen der Evolution zwar nur ein Lidschlag, denkbar ist dennoch, dass sich die Hausschabe inzwischen so auf das Zusammenleben mit uns Zweibeinern spezialisiert hat, dass sie gar nicht mehr ohne menschliche Gesellschaft überleben kann. Dann würde sie das Schicksal vieler Tier-, Pflanzen- und Pilzarten teilen, die ausschließlich in sogenannten *Indoor*-Lebensräumen existieren.

Was zunächst wie eine extreme Spezialisierung erscheint, ist in Wahrheit eine enorm erfolgreiche Strategie. Menschliche Behausungen machen heute schon, je nach Schätzung, ein bis drei Prozent der eisfreien Landfläche weltweit aus. Und während Urwälder, Moore oder Feuchtwiesen schrumpfen, wachsen Dörfer und Städte immer weiter, gerne auch in die Höhe. Beispielsweise New York: Der Stadtteil Manhattan erstreckt sich über 59 Quadratkilometer. Weil fast alle Häuser aber aus weit mehr als einer Etage bestehen, ist der potenzielle Lebensraum der Deutschen Schabe auf Manhattan dreimal größer als die Halbinsel selbst. Die Zukunft von *Blattella germanica* erscheint angesichts des unaufhaltsamen Wachstums der Städte mehr als rosig.

Die meiste Zeit verbringen Schaben in ihren Verstecken, nachts wagen sie sich nach draußen und suchen Fressbares. Wenn einem tagsüber eine Schabe über den Weg läuft, ist das ein eher ungutes Zeichen. Dann, so sagen Kammerjäger, »ist der Befall sehr hoch«. Übersetzt soll das heißen, dass dann alle Schabenverstecke pickepacke voll sind. Hausschaben lieben Gesellschaft. In den Unterschlupfen sitzen sie eng beisammen, dabei halten sie mit ihren Fühlern Kontakt zu Nebenmann oder Nebenfrau.

So ein Schabenversteck ist kein besonders einladender

Ort (außer natürlich man ist eine Schabe). Die Insekten entleeren sich gerne dort, wo sie sich verstecken. Oder anders ausgedrückt: Sie lassen sich gerne auf ihrem eigenen Kot nieder. Kein Wunder also, dass Menschen solche Mitbewohner eklig finden. Wer tagsüber auf seinen Exkrementen schläft, den hat man nachts nicht gerne zu Gast in seinem Vorratsschrank.

Dabei ist die Deutsche Schabe ein eher harmloser Hausgenosse. Sie sticht nicht wie eine Bettwanze, und sie macht keinen Lärm wie ein Heimchen, eine singende Grillenart, die ebenfalls gerne beim Menschen zu Gast ist. Ja, *Blattella* kann Allergien auslösen und wohl auch Krankheiten verbreiten, aber verglichen mit Zecken (Gehirnhautentzündung) oder Flöhen (man denke an das Wüten der Pest) spielt auch das kaum eine Rolle. Dennoch ist die Kakerlake zum Inbegriff für Verwahrlosung geworden. Wer Schaben hat, putzt zu wenig, Schaben sind ein Zeichen schlechter Hygiene, so heißt es. Niemand will die Viecher haben und auch keinen Kontakt zu denen, die sie haben.

Das fängt schon mit dem Namen an. Warum heißt der kleine Plagegeist ausgerechnet *Deutsche* Schabe? Nicht etwa, weil die Art ursprünglich aus Deutschland stammt. Bis heute ist nicht klar, wo der Ursprung der Art liegt. Erst galt Europa als die eigentliche Heimat von *Blattella germanica*. Die meisten wild lebenden verwandten Arten aus der Gattung *Blattella* bewohnen allerdings tropische Wälder in Südostasien. Ob der Ursprung von *Blattella germanica* auch in Asien zu suchen ist, weiß man nicht. Warum also *Deutsche* Schabe? Die ernüchternde Antwort ist, dass *Blattella germanica* immer schon nach der Volksgruppe benannt wurde, die man gerade gerne diffamieren wollte. Der österreichische Verhaltensforscher Karl von Frisch schrieb über *Blattella*:

»In manchen Teilen Süddeutschlands sind sie als Preußen bekannt, im Norden als Schwaben, in Westdeutschland heißen sie Franzosen, im Osten Russen. In Russland sind sie wieder die Preußen. Selbst der gelehrte Schwede Carl von Linné verfiel diesem Brauch, als er der Hausschabe den Artnamen ›germanica‹ verlieh.«

Carl von Linné war Professor an der schwedischen Universität Uppsala, als er im 18. Jahrhundert auf die geniale Idee kam, alle Tier- und Pflanzenarten zu benennen. So entstand das noch heute gültige System der *binären Nomenklatur*: Jede Bezeichnung für eine Tierart besteht erstens aus dem Namen der Gattung, zu der die Art gehört, und zweitens dem Artnamen. Für die Deutsche Schabe bedeutet das: *Blattella* ist die Gattung, *germanica* die Art. Die binäre Nomenklatur hat unschlagbare Vorteile. Sie ist präzise und weltweit gültig – über alle Sprachbarrieren hinweg. Außerdem gibt der Name Aufschluss über die Zugehörigkeit einer Art zu einer Gruppe von Lebewesen und damit über ihre Stellung innerhalb der Tier- und Pflanzenwelt. Im Falle von *Blattella germanica* ist für einen Biologen klar, dass es um ein Insekt aus der Gruppe der Schaben geht. Warum Carl von Linné die Art aber zu einer deutschen gemacht hat, dieses Geheimnis nahm er im Jahr 1778 mit ins Grab.

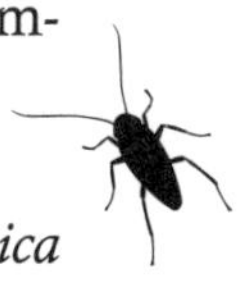

Viel spannender ist die Frage, warum *Blattella germanica* zu einem so überaus erfolgreichen Lästling werden konnte. Man findet die Plagegeister in jedem Land der Erde. Schädlingsbekämpfer nennen *Blattella* auch *»the perfect bug«*, den perfekten Schädling. Es beginnt schon beim

Schabensex, also dem Sexualverhalten der Art. Bei der Paarung überträgt das Schabenmännchen ein Spermienpaket auf das Weibchen. Über Monate kann das so begattete Weibchen immer neue sogenannte Ootheken produzieren. Das sind Eipakete, die es bis kurz vorm Schlüpfen von 15 bis 35 farblosen Minischaben, den Nymphen, mit sich herumträgt. Dann genehmigt sich das Schabenweibchen eine große Portion Wasser und erhöht so seinen eigenen Innendruck. Das lässt die Oothek vom Hinterleib der werdenden Mutter abfallen. Wenige Stunden später befreit sich der Nachwuchs aus dem Eipaket. In nur sechs bis zehn Wochen durchlaufen die Nymphen mehrere Larvenstadien bis zur Imago, der erwachsenen Schabe, die sich möglichst bald wieder mit ihresgleichen paart. Nur fünf begattete Schabenweibchen könnten so theoretisch – inklusive Kinder und Kindeskinder – 45 Millionen Nachkommen in nur einem Jahr produzieren. In der Realität sind es wohl »nur« 100 000 pro Schabenpaar. Ein paar begattete Schabenweibchen im Proviant einer Karawane sollten trotzdem reichen, ein neues Dorf, eine neue Stadt oder ein ganzes Land zu erobern.

So gelang *Blattella* ihr Feldzug über die ganze Erde. Schaben wurden schon in Fernsehern, Mikrowellenöfen, in U-Booten und Flugzeugen gefunden. Der amerikanische Biologe Eugene Garfield nannte *Blattella germanica* deshalb *»the most frequent flyer«* – den eifrigsten Vielflieger. Wer Samen- und Eipakete mit sich herumträgt, ein regelmäßiger Fluggast ist und Tausende von Nachkommen hervorbringt, dem steht die Welt offen.

Aber auch lange vor Erfindung des Flugzeugs waren Schaben schon mobil. Der englische Freibeuter Francis Drake berichtete im 16. Jahrhundert von gekaperten spanischen Galeeren voller Kakerlaken. Auch heute noch reisen Deutsche Schaben in Handels- und Passagierschiffen über alle Weltmeere. Ihr robuster und flacher Körper, der in jede kleine Ritze passt, macht *Blattella germanica* zum perfekten blinden Passagier.

Doch Fortpflanzung und Mobilität sind noch nicht alles, was die Schabe zum gefürchteten Schädling macht. Die Insekten sind außerdem nicht wählerisch, was ihre Ernährung betrifft. Nahezu alle menschlichen Vorräte und Speisereste sind gut genug für die Deutsche Schabe. Die Tiere beherbergen in speziellen Zellen, Myzetozyten genannt, Bakterien, die ihnen helfen, aus einfachen organischen Substanzen lebenswichtige und weitaus komplexere Verbindungen herzustellen. Diese Symbiose mit Bakterien ermöglicht den Schaben einen vielfältigen Speiseplan. So sollen zwölf Schaben eine Woche lang vom Klebstoff einer einzigen Briefmarke gelebt haben. *Blattella* wurde dabei beobachtet, wie sie sich über Schuhputzmittel, Textilien und menschliche Haare hermachte.

Die Genügsamkeit der Schaben macht ihre Bekämpfung doppelt schwierig. Haben sich die Krabbler erst einmal irgendwo eingenistet, reicht nicht der lapidare Hinweis: »Mehr Ordnung, mehr putzen!« Manchmal bewirkt man damit sogar das Gegenteil. Als ich 1993 meine Diplomarbeit im Zoologischen Institut in Köln begann, erzählte man sich dort folgende Geschichte:

Über Jahre kämpften die Biologen des Instituts selbst gegen eine wahre Schabenplage. Wer nachts in seinem Labor nach dem Rechten schauen wollte und das Deckenlicht anschaltete, mochte seinen Augen nicht trauen ob des Anblicks, der sich bot. Der gesamte Fußboden war braun, komplett bedeckt von Tausenden kleiner Schaben. Vom Licht aufgescheucht verdrückten sich die Tiere unter Labormöbel und in Ritzen in der Wand. Innerhalb von Sekunden nahm der Boden so wieder das Hellblau des universitären Linoleums an. Über Nacht fraßen die Insekten alles, was sie finden konnten – bis hin zu den Beschichtungen zum Trocknen aufgehängter Fotonegative. Vorsichtsmaßnahmen wurden verordnet. Kein Butterbrotrest sollte im Papierkorb entsorgt werden, nichts Essbares offen herumliegen. Doch vergeblich, die Kakerlakenplage war nicht zu stoppen. Im Gegenteil – je häufiger die Uni-Putzkolonne anrückte, desto schlimmer wurde es.

Des Rätsels Lösung war das Bohnerwachs, das die Putzkräfte verwendeten. Früher hatten die Hersteller dem Putzmittel geringe Mengen des Insektizids DDT zugemischt. In den 1970ern aber wurde die Substanz verboten, weil sie sich in der Natur anreicherte. Vögel, die zu viel von diesem Gift im Blut hatten, wurden unfruchtbar und legten Eier mit zu dünnen Schalen. Ein gewaltiges Vogelsterben drohte. Deshalb wurde der Insektenkiller auf den Index gesetzt. Ohne es zu wissen, bereitete man so aber *Blattella* und ihren symbiontischen Bakterien mit jedem Putzgang ein Festmahl. Statt die lästigen Schädlinge durch Wienern des Bodens auszumerzen, fütterte man sich erst eine richtige Plage heran. Heute mischen Hersteller von Bohnerwachs oder Möbelpolitur ihre Produkte mit Stoffen, die Insekten abschrecken, sogenannten *Repellents*. Das verdirbt den Winzlingen den Appetit auf Putzmittel.

Mit diesem quasi unbesiegbaren Schädling, einem Tier, das Bohnerwachs frisst, sollte ich es also in meiner Diplomarbeit aufnehmen. Je mehr ich über die Deutsche Schabe las, umso mehr faszinierte sie mich. Sicher, mein eigenes Zuhause wollte auch ich nicht mit *Blattella* teilen. Penibel untersuchte ich an jedem Feierabend, ob sich auch kein sechsbeiniger Mitbewohner in spe in meine Taschen geschlichen hatte. Doch Kakerlaken, so dämmerte mir, sind alles andere als langweilig. Keine bunten Flugakrobaten wie Kolibris, aber zähe Überlebenskünstler und die perfekten reisefreudigen Begleiter des Menschen. Kurz: *»The perfect bug!«*

KAPITEL DREI

Höhere und niedere Tiere

Was klingt aufregender, Kakerlaken- oder Kolibriforschung? Für die meisten Menschen liegt die Antwort sicher auf der Hand: Sie würden sich lieber den quirligen Vögeln Amerikas verschreiben als den so unbeliebten Küchenschaben.

Doch warum ist das überhaupt so? Warum sind die Menschenaffenbiologinnen Jane Goodall und Dian Fossey weltbekannt, während Heerscharen anderer Zoologen niemals für ähnliche Schlagzeilen sorgen werden? Das ist dem Gegenstand ihrer Forschung geschuldet. Es liegt daran, dass der Mensch aus dem Tierreich eine Zweiklassengesellschaft gemacht hat.

Ich möchte mich hier eines Vergleichs aus der Welt des Fußballs bedienen: In der Bundesliga spielen die Wirbeltiere, insbesondere unsere nächsten Verwandten, die Säugetiere und vielleicht auch noch die Vögel. Für Reptilien, Amphibien und Fische ist die zweite Liga reserviert. Der große Rest, die Kreaturen aus der tausendfach artenreicheren Gruppe der Wirbellosen, spielt in den verschiedenen Amateurklassen. Sie, die Schwämme, Schnecken, Platt-, Ringel- und Fadenwürmer, die Nessel-, die Hohltiere und viele, viele mehr sind eine Sache für absolute Enthusiasten, für Nerds und irgendwie anderweitig Gestörte. Je ähnlicher uns ein Tier ist, umso interessanter ist es. Menschenaffen spielen demnach in der Champions League, Rädertierchen oder Regenwürmer gehören in die Kreisklassen des Lebens.

Lange waren Biologen mit schuld an dieser einfältigen Einteilung, sprachen sie doch selbst von »niederen« und »höheren« Tieren. Doch solche Begriffe führen in die Irre, wie schon *Blattella germanica*, die so unendlich anpassungsfähige Küchenschabe, beweist.

Natürlich sind manche Tiere um einiges »einfacher« gestrickt, also weniger komplex als andere, sowohl in ihrem Körperbau als auch in ihrem Verhalten. Bei einigen Tieren gilt das allerdings nur so lange, bis man genauer hinschaut. Dann findet man bei den vermeintlich simpelsten Kreaturen ganz erstaunliche Anpassungen für den großen Überlebenskampf.

Quallen beispielsweise schwimmen wohl schon länger als 500 Millionen Jahre durch die Weltmeere. Meistens lassen sie sich einfach mit den Meeresströmungen treiben. Sie können sich aber auch aktiv fortbewegen, indem sie ihren Schirm ruckartig zusammenziehen und auf diese Weise Wasser nach hinten ausstoßen. Diese Bewegung katapultiert die Qualle ein Stückchen weiter nach vorne. Bis zu zehn Kilometer in der Stunde können manche Quallenarten so zurücklegen.

Besonders komplex ist die Gestalt der Quallen wahrlich nicht. Sie bestehen aus einem schirmförmigen Körper und den Tentakeln, die die Tiere mit Nahrung versorgen. Quallen haben einen Magen und einen Mund, aber noch nicht mal einen After. Hinzu kommen ein paar Nerven- und Geschlechtszellen – das war's dann auch schon fast. Aber eben nur fast. Wer jemals Kontakt mit einer

Qualle hatte, weiß, dass sie – bei aller Schlichtheit – über gefährliche und schmerzhafte Waffen verfügen.

Die Tentakel der Quallen sind gespickt mit ganz besonderen Zellen, den sogenannten Nematocyten, den Nesselzellen. Sie sind wahre Hochleistungs- und Hochgeschwindigkeitswaffen. Und sie gehören zu den komplexesten Zelltypen im gesamten Tierreich. Vielleicht mag der Vergleich hinken, aber eine Qualle mit ihren tödlichen Nesselzellen mutet ein wenig an wie ein altes Wikingerschiff, bewaffnet mit modernsten lasergesteuerten Lenkraketen.

Nesselzellen haben nur eine, für die Qualle aber überlebenswichtige Funktion: Sie sollen möglichst effektiv eine Ladung Gift in den Körper anderer Lebewesen injizieren – sei es in den von Feinden oder in den von Beutetieren, die sich das Nesseltier einverleiben will.

Doch die Qualle hat ein Problem: Sie ist weder besonders schnell, noch hat sie spitze Giftzähne, die sie wie eine Kobra in ihre Opfer rammen könnte. Stattdessen nutzt sie ihre Nesselzellen. Im Inneren dieser Zellen versteckt sich eine Art Schlauch, der mit Gift gefüllt ist. Bekommen die Tentakel einer Qualle und damit auch die Nesselzellen Kontakt zu einem armen Schwimmer oder einem noch ärmeren Fisch, melden kleine Sensoren auf der Außenseite der Zelle die Berührung. Doch es bedarf zusätzlich auch eines chemischen Reizes, damit einer der tödlichsten Prozesse im Tierreich in Gang gesetzt werden kann. Die Zelle schmeckt, womit sie Kontakt aufgenommen hat. Sie kann unterscheiden, ob es sich um einen Tentakel der Qualle handelt, um ein totes Stück Treibholz, einen Fressfeind oder ein kleines Fischchen, das als Beute taugt.

Dann geht alles blitzschnell: Die Nesselzelle explodiert

regelrecht, manche schleudern dabei eine Art Stilett nach außen, das, weil die Beschleunigung so enorm ist, selbst die Panzer von Schalentieren oder die Schuppen von Fischen durchschlagen kann. Wie die Finger eines Gummihandschuhs wird der Nesselschlauch nun nach außen ausgestülpt, und das Quallengift entlädt sich in das Opfer. Widerhaken auf den vielen Nesselschläuchen, die bei einem solchen Angriff ausgeschleudert werden, sorgen zudem dafür, dass die Beute festgehalten wird und nicht fortschwimmen kann, bevor das Quallengift seine Wirkung entfaltet hat.

Die Biologen Thomas Holstein und Pierre Tardent[1] filmten diese sogenannte Exozytose mit Ultra-Highspeed-Kameras, die mehrere Tausend Bilder pro Sekunde aufnehmen können. Sie zeigten, dass nur drei Tausendstel einer Sekunde vom ersten Kontakt vergehen, bis das Gift ins Opfer gelangt ist. Das Ausschleudern des Nesselfadens geschieht mit einer unfassbaren Höchstgeschwindigkeit von über 7000 Kilometern pro Stunde. Der Nesselfaden wird dabei stärker beschleunigt als eine Kugel im Lauf eines Jagdgewehrs.

Und nicht nur der Abschussapparat der Nesselzellen ist außergewöhnlich, auch die Gifte mancher Quallenarten sind ein Wunder der Natur. Das Nesselgift tropischer Würfelquallen gehört zu den für den Menschen gefährlichsten Wirkstoffen überhaupt. Würfelquallen der Art *Chironex fleckeri* können mit ihren Tentakeln einen erwachsenen Menschen töten. In Australien werden ganze Badestrände seeseitig eingezäunt, um Schwimmer vor diesen gefährlichen Seewespen zu schützen.

Sollte man ein Tier mit einer derartigen Hightech-Waffe somit wirklich als ein »niederes« bezeichnen? Auf gar keinen Fall. Wichtig ist am Ende schließlich nur, ob eine Lebensform erfolgreich ist oder ob sie ausstirbt. Weil Quallen und andere Nesseltiere wie Süßwasserpolypen, Korallen und Seeanemonen mit den Nematocyten über die wehrhaftesten Zellen überhaupt verfügen, konnten sie trotz ihres relativ einfachen Körperbaus über mehrere Hundert Millionen Jahre überleben, ohne ihre Gestalt grundlegend zu verändern. Nesseltiere brauchen keine spitzen Zähne, schnellen Muskeln, Beine oder Flügel, kein blitzgescheites Gehirn – mit Nesselzellen überlebt man auch so Millionen von Jahre.

Aber aller Wehrhaftigkeit zum Trotz: Es gibt auch Tiere, die Jagd auf Nesseltiere machen. Manche von ihnen, einige Nacktschneckenarten und Rippenquallen, verleiben sich dabei auch die Nesselzellen ihrer Opfer ein. Doch sie verdauen die Miniwaffen nicht, sondern lagern sie in ihre eigene Außenhaut ein. So machen sie sich selbst unantastbar wie der Nibelunge Siegfried durch sein Bad im Drachenblut. Biologen nennen diese erbeuteten Nesselzellen treffend Kleptocniden – zusammengesetzt aus dem lateinischen Verb *cleptare* (stehlen) und *cnide* (Nesselzelle). So begehrt, komplex und kostbar sind Nesselzellen, dass Tiere für sie zu Raubmördern werden.

Eine kleine Krebsart, die Boxerkrabbe *Lybia tessellata,* hat einen anderen Weg gefunden, Nesseltiere zur eigenen Verteidigung zu nutzen. Auf ihren beiden Scheren kultiviert sie jeweils eine giftige Seeanemone. Streckt die kleine Krabbe einem Feind ihre nesselnden Untermieter entgegen, sieht das aus, als würde ein Faustkämpfer seinem Gegner Prügel androhen. So kam die kleine Boxerkrabbe zu ihrem Namen.

Sicher kann man entgegnen, dass Quallen, Polypen, Korallen und Seeanemonen dank ihrer Nesselzellen zwar eine extrem erfolgreiche Tiergruppe sind, sie aber ausschließlich im Wasser existieren können. Umwälzende Entwicklungsschritte sowie komplexe Organe und Verhaltensweisen sind nötig, damit Tiere in der Lage sind, neue Lebensräume zu erobern. Ohne spezielle Atemorgane kein Leben an Land, ohne Kreislaufsysteme und Temperaturregulation keines bei arktischer Kälte und ohne Flügel und Muskeln kein Dasein als fliegende Jäger im Luftraum. Das stimmt. Es sind allerdings nicht die »höheren« Wirbeltiere alleine, die diese Entwicklungsschritte gemeistert haben.

Lange vor den ersten Amphibien verließen Gliederfüßer, Vorfahren der heutigen Krebse, Hundert- und Tausendfüßer, Spinnen und Insekten die Ozeane. Auch so »einfachen« Lebewesen wie den Ringelwürmern und den Schnecken gelang der Landgang.

Schon vor den Flugsauriern, Fledermäusen und Vögeln entwickelten Insekten Flügel und erhoben sich in die Lüfte. Heute leben etwa 18 000 Vogel- und 1 000 Fledermausarten auf der Erde, die meisten der mindestens 1 000 000 geflügelten Insektenarten hingegen haben noch nicht mal einen wissenschaftlichen Namen.

Warum aber dann die Einteilung in höhere und niedere Tiere? Es waren Biologen wie der im Jahr 1834 in Potsdam geborene Ernst Haeckel, die diese Hierarchie mitgeprägt haben. Haeckel, ein Verfechter der Evolutionstheorie und ein begnadeter Zeichner, nutzte das Bild des Stammbaums, um seinen Zeitgenossen das neue Konzept von der Entstehung der Arten nahezubringen. Und wer thront auf diesem *tree of life* selbstredend ganz oben?

Natürlich der Mensch, neben ihm die Menschenaffen, an den Rändern der Baumkrone die Halbaffen, Katzen, Hunde und die übrigen Säugetiere.

Etwas weiter unten zweigen vom Stamm die Vögel, Reptilien, Amphibien und anderen Wirbeltiere ab, dann die Gliedertiere, die Mollusken und noch weiter unten, knapp über dem Boden, die Nesseltiere. Das Problem an Haeckels Stammbäumen ist ihre Hierarchie: oben die Krone der Schöpfung, unten das Geschmeiß. Der Stammbaum vermittelt den Eindruck, als habe die Evolution nur eine Richtung oder nur einen Zweck: den hochkomplexen, allen anderen Tieren überlegenen Menschen zu erschaffen.

Heute versuchen Evolutionsbiologen den Stammbaum durch ein passenderes Bild zu ersetzen – durch eine Art stark verästelten Busch. Manche seiner Triebe sind dicker als andere und spalten sich immer wieder auf. Alle heute lebenden Tierarten sind in diesem Bild an den Enden der vielen Verästelungen des Busches zu finden. Die Entfernungen der Gabelungen zum Äußeren des Busches symbolisieren, wie weit diese Aufspaltungen und damit die Entstehung dieser Tiergruppen in der Erdgeschichte zurückliegen. In einem solchen Bild gibt es kein Höher und Nieder, kein Besser und Schlechter. Entscheidend ist alleine, welche Lebensformen sich durchsetzen konnten und welche nicht.

Die Entstehung des Menschen ist ein großes Wunder, ohne Frage. Aber es ist nur ein Wunder von vielen. Die eigentliche Sensation ist die riesengroße aus Millionen Arten bestehende Vielfalt des Lebens. Dazu gehören tausend Meter tief tauchende Pottwale ebenso wie wehrhafte

Quallen, hochgiftige Kegelschnecken, die flinke Fische erbeuten können, Hunderte Jahre alte Baumriesen und eben auch sechsbeinige Küchenschaben, die im Schlepptau des Menschen die gesamte Erde erobert haben und es sich am liebsten auf ihren eigenen Hinterlassenschaften gemütlich machen. Jede Kreatur ist ein Wunder für sich. Auch *Blattella germanica*.

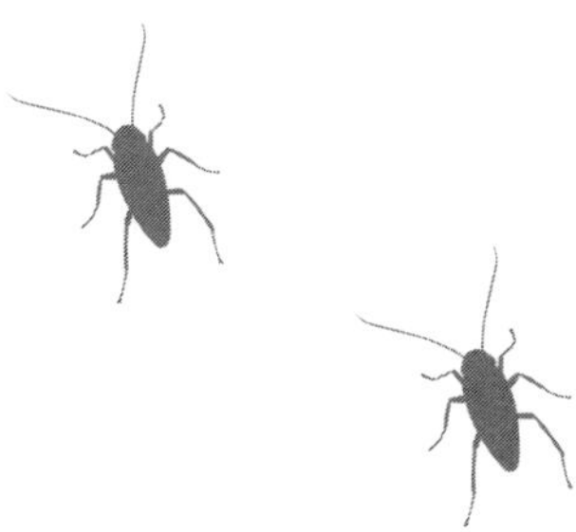

KAPITEL VIER

Schaben verleihen, Schaben vergolden

Das Aggregationsverhalten der Deutschen Schabe sollte also das Thema meiner Diplomarbeit werden. Natürlich war die wissenschaftliche Fragestellung noch etwas spezieller. Ich sollte herausfinden, welche Substanz Hausschaben dazu bringt, auf ihren eigenen Exkrementen Platz zu nehmen. Schon einige Tage später fand ich mich dabei wieder, wie ich Löschpapier in kleine Streifen schnitt und mit einem Extrakt aus Schabenkot beträufelte. Bastelarbeit im Auftrag der Wissenschaft …

Viele Tiere kommunizieren über Düfte mit ihresgleichen. Sie übermitteln Botschaften an einen Artgenossen, indem sie Pheromone genannte Substanzen produzieren und an die Umwelt abgeben. Wenn Hunde ihr Revier markieren, wissen die anderen Vierbeiner des Stadtviertels Bescheid: Da ist ein Rüde unterwegs, der Ärger machen könnte. Oder eine Hündin, die gerade empfänglich ist. Zu einem Pheromon aber gehört nicht nur, dass es eine Information übermittelt, es ändert darüber hinaus auch das Verhalten des Empfängers. Um beim Beispiel eines Rüden zu bleiben: Er wird sich möglichst sofort auf die Spur der läufigen Hündin machen, so Frau- oder Herrchen ihn denn lassen.

Die meisten Insekten sind, was solche Botschaften betrifft, sehr simpel gestrickt. Stoßen sie auf einen arteigenen

Botenstoff, verändert sich ihr Verhalten wie auf Knopfdruck. So auch bei *Blattella*. Ertasten die Fühler einer Schabe Nummer eins das Kothäufchen einer Mitschabe Nummer zwei, lässt sich Nummer eins darauf nieder. Da Nummer eins dann selbst seine Duftmarken absondert, kommen Kakerlake drei und vier hinzu. So geht es immer weiter, und das anfangs noch kleine Grüppchen wächst zu einer stattlichen Kolonie heran. Diese Aggregationen lösen sich nachts auf, sobald sich die Krabbler auf Nahrungssuche begeben. Wenn die Sonne wieder aufgeht, kehren sie zurück, und der Schabenkot versetzt die Tiere erneut in den Ruhemodus. Nur welcher der vielen im Kot enthaltenen Stoffe hatte diese für Schaben so beruhigende Wirkung? Die Hoffnung war, dass mit dem gesuchten Aggregationspheromon Kammerjäger eine effektive Waffe in ihrem täglichen Kampf gegen das Ungeziefer in die Hand bekämen. Eine Pheromon-Schabenfalle könnte sich zu einem guten Geschäft entwickeln. Aus diesem Grund bezahlte der Weltkonzern Bayer ausgerechnet meine kleine Diplomarbeit.

Was folgte, war Teamarbeit. Bayer-Chemiker stellten immer neue Extrakte aus Schabenkot her. Ich testete die vielen Proben in einem Verhaltenstest. Dieser »Aggregationstest« war auf geniale Art simpel. Ich faltete zwei Löschpapierstreifen zu kleinen Winkeln, beträufelte eine mit der Testprobe, die andere als Kontrolle nur mit einem Lösungsmittel. Dann stellte ich die beiden Streifen in eine kleine Testarena. Schließlich bugsierte ich zehn frisch geschlüpfte Nymphen, also Babykakerlaken, dazu: meine Versuchstiere.

Nach kurzer Zeit versammelten sich die Youngster auf einem der beiden Streifen. Ein Kotextrakt lockte die Tiere mit hundertprozentiger Sicherheit auf den Teststreifen. Der Kontrollstreifen blieb verwaist. Die Bayer-Chemiker wollten nun den *Blattella*-Kotextrakt immer weiter aufspalten, in immer kleinere Fraktionen zerlegen. Die Proben, die im Aggregationstest gut abschnitten, sollten weiter untersucht werden. Dann wieder testen, die wirksamen Extrakte der zweiten Runde weiter zerlegen. Testen, aufspalten und immer so weiter, bis eine der Proben nur noch einen wirksamen Stoff enthalten würde: das gesuchte Aggregationspheromon, den Heiligen Gral der Kammerjäger.

Während ich fleißig Schaben züchtete und immer neue Generationen von Nymphen durch den Aggregationstest schleuste, sprach sich bei Freunden und Bekannten herum, dass ich »irgendwas mit Schädlingen« erforschte. Schon bald kamen die ersten Anrufe.

»Frank, meine Mülltonne ist voller Maden, du MUSST mir helfen!«

»Hey, was kann ich gegen Mehlmotten machen?«

»Hilfe! Im Garten wimmelt es von Schnecken!«

Wer das Verhalten von Hausschaben erforscht, gilt schnell als studierter Kammerjäger. Fast alle Hilferufe wehrte ich ab. Dann aber machte mich eine Nachricht auf meinem Anrufbeantworter neugierig:

»Sag mal, ihr züchtet da bei euch in der Uni doch diese Tierchen. Kannst du mir ein paar für einen Filmdreh leihen? Natürlich gegen gute Bezahlung!«

Der Anruf kam von meinem Freund Ralf, der als Redakteur für den damals noch jungen Musiksender VIVA arbeitete. Sofort rief ich zurück. Zu verlockend war die Vorstellung, der erste Mensch weltweit zu sein, der einen florierenden Schabenverleih aufziehen würde.

Mein Redakteursfreund erklärte mir, es gäbe da so eine Filmidee. Man plane, Kakerlaken in ein Puppenhaus zu setzen und sie dann mittels Synchronstimmen alberne Sprüche aufsagen zu lassen. »Wir nennen das Programm ›Die Kakis‹«, erklärte er mir. »Mit eingespielten Lachern, alles wie in einer US-Comedyshow, du weißt schon …« Ich konnte mir gut vorstellen, WIE albern das werden sollte.

Sofort sagte ich zu. Doch genauso schnell kamen auch Bedenken: Was, wenn ich dabei helfe, ein komplettes Fernsehstudio mit einer Schabenplage zu überziehen?, malte ich mir aus. Keine angenehme Vorstellung. Doch das Glück spielte meinen Plänen in die Hände. In unseren Schabenzuchtraum zogen neue Bewohner ein: Riesenfauchschaben aus Madagaskar. Das sind wirklich beeindruckende Tiere, die ihrem Namen alle Ehre machen. Die pechschwarzen Krabbler werden über sieben Zentimeter groß und damit so lang wie der Finger einer Männerhand. Und wenn sie sich bedroht fühlen, stoßen sie Luft aus ihren Atemöffnungen und fauchen wie eine wütende Katze. Diese Insekten, so beschloss ich, sollten die Serienstars der VIVA-Show werden. Dafür gab es gute Argumente: Weil Riesenfauchschaben wirklich gut gepanzert sind, haben sie es nicht nötig, schnell davonzuhuschen. Keine Gefahr also für das Studio. Auch ihre beeindruckenden Ausmaße sprachen für sie. Die Kameraleute benötigten also keine teuren Makroobjektive für ihre Dreharbeiten. Die Madagaskar-Schaben passten viel besser als *Blattella* in das Puppenhaus, das als Kulisse für »Die Kakis« herhalten sollte. Wirklich hübsch sind Riesenfauchschaben nicht, aber genau das war ja der Sinn der Übung.

Ein paar Tage später trafen wir uns ganz konspirativ auf dem Parkplatz des Zoologischen Instituts. Ralf, der hippe Redakteur, bekam von mir zwanzig Fauchschaben, ich von ihm 200 D-Mark bar auf die Hand. Kein schlechter Lohn für weniger als fünf Minuten Arbeit. Ich riet meinem Freund, die gepanzerten Schauspieler vor dem Dreh kurz im Kühlschrank zu parken.

»Leicht abgekühlt sind sie nicht so mobil und fauchen auch weniger. Dein Team wird es dir danken.«

Habe ich mich an den Riesenfauchschaben versündigt? Was war schlimmer? Dass ich zuließ, dass die Fernsehmacher die gekühlten Tiere mit Nähgarn an kleine Puppenmöbel fesselten? Und dass sie sie filmten, wenn sie wieder warm wurden und mit ihren sechs Beinchen fuchtelten? Oder war noch viel grausamer, dass Gagschreiber ihnen Texte wie diesen in den Insektenmund legten – inklusive kölschem Tonfall:

»Wir sollten mal widder tanzen jonn! Ne flotte Sohle aufs Parkett legen.« (Lacher vom Band)

»Dat jeht doch jar nich'.«

»Warum dat denn?«

»Mir hann doch Teppichboden!« (Noch mehr Lacher vom Band)

»Die Kakis – Laß' tanzen!« ist der erste Tierfilm, an dem ich beteiligt war. Länge des Machwerks: 27 Sekunden, kurz und knackig auf Pointe geschrieben. Mein Freund war begeistert, weitere Episoden der »Kakis« wurden produziert. Alle tierischen Darsteller überlebten die Dreharbeiten, ohne dass ihnen auch nur ein Fühler gekrümmt wurde. Ich besserte mit jeder Schabenlieferung mein bescheidenes Diplomandengehalt auf. Wenn man jung ist, braucht man ja bekanntlich das Geld …

Meine Forschung ging derweil weiter. Jede Woche trafen von Bayer immer neue Päckchen mit Proben ein. Manche Extrakte funktionierten fantastisch, lockten die Babyschaben auf den Teststreifen und wurden weiter untersucht. Andere blieben wirkungslos und wurden verworfen. Allerdings zeichnete sich etwas ab, das allen Beteiligten Sorgen bereitete. Je weiter das Bayer-Labor den Schabenextrakt aufspaltete, desto geringer die Wirkung der Einzelproben. Die Hoffnung war eigentlich, dass sich das Aggregationspheromon in einer der Proben anreicherte. Diese eine sollte dann bombig funktionieren, alle anderen gar nicht. Womöglich war aber alles ganz anders als gedacht. Vielleicht standen die Krabbler einfach auf den großen Cocktail, auf eine Mischung vieler Substanzen, die mit einem Kotpartikel aus dem Schabendarm kullern. Zu klären war, ob die Hausschabe überhaupt aktiv einen Botenstoff dazugibt. Gab es eine Drüse, die das gesuchte Pheromon produzierte und die den Kot mit dem gesuchten Wundermittel beimpfte?

Ich gebe zu, das waren keine Fragen, deren Antworten die Menschheit weiterbringen und unseren Planeten zu einem besseren Ort machen. Es war mir absolut klar, dass ich auch kein großes Rätsel der Evolution lösen würde. Dennoch beschloss ich, meine Forschung auf einen Bereich auszuweiten, der bis zu diesem Zeitpunkt von der internationalen Forschungsgemeinde viel zu stiefmütterlich behandelt worden war: den Enddarm der Hausschabe *Blattella germanica*.

Eine Untersuchung im Rasterelektronenmikroskop, kurz REM, war das Mittel der Wahl. Im REM wird ein energiereicher Elektronenstrahl auf das zu vergrößernde

Objekt geworfen. Dieser sogenannte Primärstrahl schleudert wiederum andere Elektronen aus der Oberfläche des bestrahlten Objekts. Diese Sekundärelektronen werden auf eine Mattscheibe geleitet und erzeugen dort ein stark vergrößertes Bild des Untersuchungsobjekts. In meinem Fall: des Schabenhinterns. Wer aber ein Lebewesen im REM genauer betrachten will, muss das Tier vorher mit einer hauchdünnen Schicht eines gut leitenden Metalls überziehen. So vermeidet man, dass der Elektrodenstrahl die Probe auflädt und am Ende alles in Flammen aufgeht – inklusive des sündhaft teuren Rasterelektronenmikroskops.

Gold ist so ein gut leitendes Metall. Und ja, ich habe im Laufe meiner Diplomarbeit Schabenhintern vergoldet. Genauer, ich habe sie – nachdem die Tiere gestorben waren – unter Vakuum mit Gold bedampft, um sie danach ins REM schieben zu können. Schaben vermieten und Schaben vergolden – mit dem Verleihgeschäft besserte ich lediglich mein Einkommen auf. Der Blick durchs Rasterelektronenmikroskop aber sollte mir eine komplett neue Welt eröffnen.

KAPITEL FÜNF

Die Säugetiere unter den Insekten

Auf dem Monitor der Hightech-Maschine, dem Rasterelektronenmikroskop, wurde sichtbar, was dem menschlichen Auge sonst verborgen bleibt. In tausendfacher Vergrößerung verwandelte sich *Blattella* in ein Wesen, das an das »Alien« im gleichnamigen Spielfilm erinnerte. Der glatte Chitinpanzer war mit feinen Härchen besetzt. Besonders viele dieser Haare thronten auf den sogenannten Cerci, zwei antennenartigen Tastern am Hinterleib des Insekts. Spürt die Schabe mit den feinen Härchen auch nur den geringsten Luftzug, setzen sich ihre sechs Kakerlakenbeine sofort in Bewegung. Dieser Fluchtreflex ist eine Lebensversicherung für ein Tier, das weder Gift noch spitze Stacheln oder scharfe Zähne besitzt, um sich zu verteidigen.

Mich interessierte, ganz klar, am allermeisten der Blick in den Schabenpo. Dort wurden kleine Wülste sichtbar, Rektalpapillen genannt. Insekten nutzen sie, um ihrem Kot kostbares Wasser zu entziehen. Das ist eine Anpassung an ein Leben in den trockenen Gegenden der Welt. Am hinteren Schabenende hat *Blattella* kleine Häkchen, mit denen sich die Tiere bei der Paarung an Partner oder Partnerin festklammern. Daneben gab es Auswüchse, auf deren Oberfläche ich winzige Poren aufspürte. Der Durchmesser dieser Öffnungen war kleiner als ein Tausendstel eines Millimeters. Vielleicht gehörten die Poren ja zur gesuchten Pheromondrüse von *Blattella germanica*. Leider konnte ich es nicht beweisen. Dennoch hatte sich der Blick durchs REM mehr als gelohnt.

Je genauer man hinsah, umso faszinierender wurde das kleine Insekt. Unscheinbare Haare erwiesen sich als hochempfindliche Bewegungssensoren, und auf den Schabenflügeln wurden feinste Adern sichtbar. Es offenbarte sich, dass ein Schaben-Facettenauge ein komplexes Kunstwerk aus zig kugelförmig angeordneten Einzelaugen ist. Die Rasterelektronenmikroskopie wurde, was mein Verhältnis zu Insekten betrifft, zum Auslöser für eine Liebe auf den zweiten Blick.

Doch bei aller Schwärmerei musste ich mich wieder den Faeces widmen. Vielleicht war der Schabenkot ja auch noch aus anderen Gründen attraktiv für *Blattella*. Nicht nur als Träger eines immer noch zu entdeckenden Pheromons. Ein Blick auf die nähere Verwandtschaft der Hausschabe stand als Nächstes an: Gab es neben *Blattella germanica* noch andere Schabenarten mit einer besonderen Beziehung zu den eigenen Exkrementen? Was als Literaturrecherche zum Thema Schabenkot begann, sollte mir die Augen noch weiter öffnen: Schaben sind nicht einfach nur Plagegeister. Viele Arten sind hoch soziale Tiere. Manche pflegen regelrechte Familienbande. Und der Kot könnte eine nicht unbedeutende Rolle bei der Entstehung ihres Sozialverhaltens gespielt haben.

Wahre Helikoptereltern im Reich der Schaben sind Kakerlaken der Gattung *Cryptocercus*. Alle Vertreter dieser Gruppe eint ihr Hunger auf ein ungewöhnliches Nahrungsmittel: Sie fressen das Holz abgestorbener Baumstämme. *Cryptocercus*-Schaben nagen sich nach und nach immer tiefer in umgefallene Bäume. Mit jeder Mahlzeit vergrößern sie so eine lang gestreckte Wohnhöhle – ihr sicheres Zuhause. Holz allerdings ist keine wirklich nahrhafte Diät. Es gibt nur wenige Lebewesen, die Holz verdauen können. Und diese Holzfresser benötigen dazu meist die Hilfe spezieller Mikroorganismen. So auch *Cryptocercus*. Wie der Mensch seine Darmbakterien, so kultiviert *Cryptocercus* in seinem Darm Bakterien und Einzeller, die helfen, Holz zu verdauen. Das Problem allerdings ist, dass *Cryptocercus*-Nymphen noch ohne ihre symbiontischen Hilfstruppen aus dem Ei schlüpfen. Auf sich alleine gestellt würden *Cryptocercus*-Babys in ihrer hölzernen Wohnhöhle verhungern. Doch natürlich hat die Natur auch für dieses Problem eine Lösung parat. *Cryptocercus*-Schaben sind aufopferungsvolle Eltern. Mutter, Vater und ihre Nachkommen bleiben über mehrere Jahre in ihren Behausungen zusammen und bilden eine Insektenkleinfamilie. Die jungen Larven werden in dieser Zeit von ihren Erzeugern gefüttert. Man muss es leider erwähnen, aber die Brutpflege erfolgt dabei nicht von Mund zu Mund. Stattdessen ernährt sich der Nachwuchs von kleinen Holzpartikeln, die die Eltern mit ihren Faeces ausscheiden. Kot fressend überleben die Kleinen so nicht nur ihre ersten Wochen. Mit ihrer ungewöhnlichen Babykost nehmen sie auch die überlebenswichtigen Symbionten auf. Und wenden sich mit deren Hilfe dann selbst dem Holzfressen zu. Es dauert mehr als fünf Jahre, bis aus *Cryptocercus*-Nymphen geschlechtsreife Tiere werden. Fünf lange Jahre, die die Nymphen wie verwöhnte Teenager bei ihren Erzeugern verbringen. Erst dann verlassen sie die

Wohn- und Fresshöhle ihrer Eltern, suchen sich einen eigenen toten Baumstamm und gründen dort selbst eine Kleinfamilie.

Könnte es bei der Deutschen Schabe ganz ähnlich sein? Hat sich das Aggregationsverhalten der Hausschabe vergleichbar entwickelt? Haben die Vorfahren von *Blattella* ihren Nachwuchs womöglich auch mit dem eigenen Kot gefüttert? Und überträgt vielleicht nicht nur *Cryptocercus* überlebenswichtige Symbionten mit dem, was hinten herauskommt? Ist es deshalb so wichtig, dass sich Hausschaben aller Stadien jede Nacht auf ihren Faeces versammeln? Ich gebe zu, das ganze Thema Kotfressen ist nicht sonderlich appetitlich. Doch könnte es erklären, wie sich soziales Verhalten und Brutpflege bei manchen Insekten überhaupt entwickelt haben.

Andere Schabenarten kümmern sich ähnlich liebevoll wie *Cryptocercus* um ihre Nachkommen. Die Art *Diploptera punctata* ist eine Schabe, deren Weibchen komplett entwickelte Nymphen gebären. Wie Säugetierembryos in einer Gebärmutter entwickeln sich die Jungschaben in einer speziellen Bruttasche ihrer Mutter. Die werdende Mutter versorgt die ungeborenen Nymphen mit einer Nährsubstanz, die eine Drüse in die Bruttasche abgibt. Die indische Biochemikerin Sanchari Banerjee untersuchte diesen Schabenbabytrank und kam zu einem rekordverdächtigen Ergebnis. Er enthält nicht nur dreimal mehr Eiweiß als Kuhmilch, sondern auch alles andere, was eine Schabe zum Heranwachsen braucht: Fette, Proteine, Kohlenhydrate und Spurenelemente. Kurz: *Diploptera punctata* füttert ihren Nachwuchs mit einer speziellen Schaben-Muttermilch.[2]

Schaben-Mutterliebe kann sogar noch weiter gehen. Nymphen der indischen Art *Thorax porcellana* machen es sich nach dem Schlüpfen unter den Flügeln ihrer Mutter gemütlich. Dort finden die circa 50 Babyschaben nicht nur Schutz, sondern auch ihre sehr spezielle Babykost. Die *Thorax*-Brutpflege erinnert mehr an einen Vampirfilm als an eine romantische Familiengeschichte: Die jungen Nymphen werden mit rasiermesserscharfen Mundwerkzeugen geboren. Mit ihnen beißen sie kleine Löcher in den Chitinpanzer ihrer Mutter und schlürfen die folgenden sieben Wochen deren Hämolymphe, eine Art Insektenblut.

»Es gibt keine Insektengruppe mit so einem vielfältigen Fortpflanzungsverhalten wie die Schaben«, erzählte mir der Insektenforscher George Beccaloni. Der Brite war über Jahrzehnte Leiter der Abteilung für Schaben und Heuschrecken des *Museum of Natural History* in London. Während eines Englandurlaubs stattete ich dem weltberühmten Naturkundemuseum einen Besuch ab. Man könnte das *Museum of Natural History* auch als eine Kathedrale der Aufklärung bezeichnen. Der riesige, im neoromanischen Stil errichtete Wissenschaftstempel beherbergt einige der bedeutendsten geologischen und biologischen Sammlungen der Welt. Pflanzen, die der Botaniker Joseph Banks von seiner Reise mit Kapitän James Cook aus der Südsee mitgebracht hatte, lagern hier ebenso wie Exponate von Charles Darwins Expedition zu den Galapagosinseln oder von Alfred Russel Wallace' Forschung auf dem Malaiischen Archipel.

Es gibt sicher nur wenige Menschen weltweit, die so viel über Kakerlaken wissen wie der Museumsmann Beccaloni, der mir ein wenig seiner kostbaren Zeit schenkte. Als Kind lebte er mit seinen Eltern in Rhodesien, der heutigen Republik Simbabwe. »Als kleiner Junge sammelte ich alles, was ich schön fand«, erzählte mir der Schabenforscher, »besonders die vielen tropischen Schmetterlinge faszinierten mich.« Doch dann zog die Familie Beccaloni nach Großbritannien. Das war ein mittelgroßer Schock für den jungen George. Auf der kühlen Insel gab es gerade mal 58 Schmetterlingsarten, dafür aber Tausende Hobbyschmetterlingsforscher und Hunderte von Fachbüchern über Britanniens Falter. Beccaloni wurde klar: Die Schmetterlinge des Königreichs waren *»overstudied«*, also wissenschaftlich komplett abgegrast. Als angehender Forscher musste er sich also eine andere Leidenschaft suchen. Beccaloni schloss sich, wie es sich für einen Briten gehört, einem Club an, der *»Blattoid Culture Group«*. Den Mitgliedern ging es nicht, wie man anhand des Namens vermuten könnte, um eine Kulturgeschichte der Schaben. Es ging auch nicht um die Bedeutung der Kakerlake für Oper, Film und Literatur. Vielmehr tauschten sich die Mitglieder darüber aus, wie man exotische Schaben am erfolgreichsten in Terrarien züchtet, also *kultiviert*. Deshalb der Name *»Culture Group«*. Der junge Beccaloni fand schnell zu einem neuen Hobby, aus dem Leidenschaft, Berufung und schließlich Beruf wurde.

Der britische Experte hat bislang 4600 Arten in den von ihm begründeten *Cockroach Species File*, eine offizielle Kakerlaken-Artenliste, aufgenommen. Beccaloni schätzt, dass es noch weitere 20000 Arten gibt, die noch keinen wissenschaftlichen Namen tragen. Die meisten dieser noch nicht beschriebenen Arten krabbeln durch tropische Regenwälder Südamerikas, Afrikas und Asiens. »4600 beschriebene Arten«, verteidigt Beccaloni seine Lieblingstiere, »das sind etwa genauso viele, wie es Säugetiere weltweit gibt. Unter den Tausenden Schabenarten machen nur etwa dreißig Ärger als Hausschädlinge. Deshalb muss man doch nicht gleich die ganze Tiergruppe verdammen.« Das mache man ja auch nicht mit den Säugetieren, obwohl Mäuse in unseren Häusern wohnen, Maulwürfe unsere Gärten verwüsten und Kaninchen in Gemüsebeeten räubern. Trotzdem lieben wir Elefanten, schützen Tiger und retten gestrandete Pottwale. Müssten wir, wären wir konsequent, dann nicht auch dafür sorgen, dass es allen 20 000 Schabenarten gut geht?

Es gibt himmelblaue, gelbe und grüne Schaben. Andere sind leuchtend rot mit schwarzen Punkten. Wem das bekannt vorkommt, der denkt in die richtige Richtung: Diese Schaben ahmen ungenießbare Marienkäfer nach, um selbst nicht gefressen zu werden.

In Ecuador wurde im Jahr 1939 eine Schabe gefunden, die erst mehr als 70 Jahre später Schlagzeilen machen sollte. Jahrzehnte lagerte das getrocknete Tier im Washingtoner *Natural History Museum*. Dann schaute sich der slowakische Schabenforscher Peter Vršanský das Exemplar genauer an. Auf dem Rücken der Schabe prangten zwei leuchtend gelbe Flecken. Vršanský kam zu dem Schluss, dass es sich bei den Flecken um Leuchtorgane handelt. Er vermutete, dass die Schaben dieser bis dato unbekannten Spezies nachts Licht abstrahlen! Anscheinend, so Vršanskýs Theorie, imitiert die Kakerlake große tropische Leuchtkäfer aus der Familie der Schnellkäfer. Für insektenfressende Fledermäuse ist das Leuchten der Schnellkäfer ein Warnsignal: »Achtung: ungenießbar!« Davon profitiere dann auch die leuchtende Schabe, vermutete Vršanský. Weil sie die Leuchtschaben für bittere

Schnellkäfer halten, machen insektenfressende Fledermäuse auch um sie einen großen Bogen, spekulierte der Schabenforscher.

Ob Vršanský recht hat, wird sich wahrscheinlich nie beweisen lassen. Kaum beschrieben, könnte die Leuchtschabe bereits ausgestorben sein. *Lucihormetica luckae*, so der wissenschaftliche Name, wurde vor 70 Jahren in einem tropischen Nebelwald in Ecuadors Anden entdeckt. Die Schabe fand sich auf den Abhängen des 5 000 Meter hohen Andenvulkans Tungurahua. Die meisten dieser tropischen Nebelwälder hat der Mensch aber im Lauf der Jahrhunderte vernichtet. Sie mussten Straßen, Viehweiden und Städten weichen.

Dummerweise ist der Tungurahua zudem einer der gefährlichsten und aktivsten Vulkane der Welt. Alle paar Jahrzehnte spuckt er glühende Gesteinsbrocken und kilometerhohe Aschewolken aus. Heiße Lava fließt aus seinem Krater den Berg hinab. Die Menschen des unweit gelegenen Städtchens Baños müssen sich dann in Sicherheit bringen. Ein ganzer Nebelwald inklusive seiner Bewohner lässt sich aber nicht evakuieren. Die vielen Ausbrüche des Tungurahua zerstörten den kleinen Waldrest. Und mit ihm wahrscheinlich auch die einzig bekannte Population der Leuchtschabe *Lucihormetica luckae.*

So vielfältig Aussehen und Verhalten der vielen Schabenarten auch sind, kaum eine hat wirklich gefährliche Verteidigungswaffen entwickelt. Es gibt keine Gift-, keine Beiß- und keine Stechschaben. Einige wenige Spezies können allerdings ein unangenehm riechendes Sekret verspritzen. Die von mir verliehenen Riesenfauchschaben aus Madagaskar schlagen Alarm, wenn sie sich bedroht fühlen. Doch das war es auch schon mit aktiver Verteidigung. Tarnen, Verstecken und Wegrennen sind die wichtigsten Fähigkeiten für den Überlebenskampf der Kakerlaken. Angesichts ihrer Harmlosigkeit wurde es mir immer unverständlicher, warum die Tiere bei vielen Menschen einen derart großen Ekel erregen.

Schaben leben auf allen Kontinenten der Erde mit Ausnahme der Antarktis. Wobei zu klären wäre, ob *Blattella* nicht längst ein Mitbewohner in einer der vielen Antarktis-Forschungsstationen ist. Schaben durchstöbern das Laub von Regenwäldern, sie krabbeln durch Steppen und Wüsten. Die Art Eupolyphaga everestina überlebt, wie es ihr Name vermuten lässt, auf dem Mount Everest und anderen Himalajabergen auf Höhen von über 5 000 Metern.

»Andere Schabenarten haben sich sehr spezielle Lebensräume erschlossen«, erklärte mir Beccaloni. Stolz berichtete er von den Tauchern unter den vielen Schabenarten: Bromelien, Pflanzen der tropischen Regenwälder Südamerikas, bilden mit ihren dicken Blättern eine Art Kelch, in dem sich Regenwasser sammelt. Dort entwickeln sich nicht nur Mückenlarven und Kaulquappen mancher Froscharten. Es gibt auch auf das Leben in Bromelienteichen spezialisierte Schaben. Sie stürzen sich mutig in die Minigewässer und rudern mit ihren drei Beinpaaren, bis sie den Grund erreichen. Unter Wasser verstecken sich die gepanzerten Taucher vor Räubern und fressen Pflanzenreste und tote Tiere, die sich im kleinen Bromelienpool sammeln.

Wenn Tausende Schabenarten unseren Planeten bevölkern, bedeutet das, dass es ebenso viele Überlebensstrategien gibt. George Beccaloni hat schon unzählige Schaben beobachtet, doch manchmal wird selbst er noch überrascht: Malaiische Schaben aus der Gattung *Perispherus* rollen sich bei Gefahr wie ein Gürteltier zusammen. Das alleine ist noch nichts Außergewöhnliches. Ein Kollege hatte Beccaloni aber einige Exemplare von *Perispherus* aus Indonesien für die Sammlung des *Museum of Natural History* mitgebracht. Der Schabenforscher machte sich daran, die Lieferung genauer zu untersuchen. Er befeuchte die getrockneten Tiere vorsichtig, um sie so wieder biegsam zu machen. Jetzt konnte er die kleinen Schabenkugeln entrollen. Sichtbar wurden so der Kopf, die Unterseite und die Beine der Tiere. Als er ein großes Weibchen dieser Prozedur unterzog, traute er seinen Augen nicht. An ihre Beine klammerten sich winzige Nymphen. Gemeinsam mit der Mutter waren sie den Tod für die Wissenschaft gestorben.

Beccaloni zupfte eine der toten Nymphen vom Bein des Weibchens. Die Mundwerkzeuge der Larven unterschieden sich komplett von denen der erwachsenen Schabe. Normalerweise haben Schaben kräftige Kiefer, mit denen sie ihre Nahrung in mundgerechte Portionen zerlegen. *Perispherus*-Nymphen tragen stattdessen einen feinen Saugrüssel im Gesicht. An den Beinen der Mutter entdeckte Beccaloni kleine Löcher, in die die Saugorgane des Nachwuchses wie angegossen passten. *Perispherus*-Nymphen sind zudem blind und farblos. In freier Wildbahn würden sie ohne die Sorge ihrer Mutter nicht lang überleben. Doch das müssen sie auch nicht. Stattdessen lassen sie sich die ersten Wochen ihres Lebens rund um die Uhr herumtragen. Die Kleinen haben nicht viel mehr zu tun, als ein nahrhaftes Sekret zu schlürfen, das die Mutter über die Löcher an ihren Beinen abgibt. Sie stillt ihre Nachkommen mit Schabenmilch!

Als eine Analogie bezeichnen es Biologen, wenn sehr entfernt miteinander verwandte Lebewesen unabhängig voneinander ähnliche Organe oder Verhaltensweisen entwickelt haben. Das Verhalten von Mensch und *Perisphērus* ist, was die Brutpflege betrifft, frappierend ähnlich. Seine hilflosen Nachkommen herumzutragen und mit einer nahrhaften Milch großzuziehen ist eine erstaunliche Analogie. Könnte diese Ähnlichkeit – die Tatsache, dass Kakerlaken wie wir gesellig sind, sich um ihren Nachwuchs kümmern, Familienbande knüpfen, uns unsere Nahrung streitig machen und sich in unseren Häusern wohlfühlen – ein Grund dafür sein, dass sie uns so suspekt sind? Sind sie uns am Ende einfach zu ähnlich?

Blieb noch, das Gespräch mit George Beccaloni zu nutzen, um die Frage aller Schabenfragen zu stellen. Stimmt es wirklich, dass Kakerlaken eine Atombombenexplosion überstehen können? Haben sie Hiroshima überlebt, wie es immer wieder und überall geschrieben wird? Werden sie uns letztlich überleben, wenn wir unsere Zivilisationen in einem Atomkrieg auslöschen? »Das ist einer dieser urbanen Mythen«, winkte der Biologe ab, »die Hitze einer Nuklearexplosion vernichtet Insekten genauso wie uns Menschen.« Einen wahren Kern habe der Mythos dennoch. Kakerlaken werden mit radioaktiver Strahlung wesentlich besser fertig als Menschen und Säugetiere generell. Sie sind gegenüber Radioaktivität, so zeigen Untersuchungen, etwa zehnmal widerstandsfähiger als wir Menschen. Doch damit sind Schaben nicht allein. Allerlei Getier, von Fruchtfliegen über Würmer bis zu Amöben, macht Radioaktivität noch viel weniger aus. Eine verstrahlte Erde würde wohl ohne Mensch,

Hund, Maus und Faultier weiterexistieren. In dieser apokalyptischen Welt gäbe es aber immer noch Schaben. Sie müssten sich diese Erde allerdings mit noch zahlreichen anderen Lebewesen teilen.

KAPITEL SECHS

Auf Fabres Spuren

Es gingen weiterhin Hilferufe bei mir ein. Und daran hat sich bis heute nichts geändert. Immer wieder melden sich Freunde, die sich von lästigen Insekten und anderen Krabbeltieren genervt oder bedroht fühlen. Wie schon erwähnt, verweise ich meine Bekannten meist an einen Spezialisten, einen Kammerjäger. Vor ein paar Monaten habe ich allerdings einmal eine Ausnahme gemacht.

»Im Inneren meiner Backpapierrolle feiern Spinnen, Maden und Wespen eine Party,« whatsappte meine Freundin Susanne.

Dazu schickte sie ein Beweisfoto, auf dem es ziemlich chaotisch zuging. Auf dem Bild waren dicke weiße Maden, seltsame braune Wohnhöhlen und viele kleine Spinnen zu erkennen. Der Anblick weckte in mir eine detektivische Neugier. Spinnen durchlaufen kein Madenstadium, auch die offenbar aus Erde geformten Behausungen konnte ich nicht mit den achtbeinigen Räubern in Verbindung bringen. Was für eine Insektensause ging da ab, mitten in Kölns Innenstadt? Ich wollte es herausfinden und der Freundin helfen.

Am Telefon bekam ich weitere Informationen. Ich erfuhr, dass alles damit begonnen hatte, dass es in einer Küchenschublade immer wieder laut rumorte. Meine Freundin verfolgte den Ton bis zu ihrer Backpapierrolle.

Doch damit nicht genug. Eine große Wespe verließ vor ihren Augen das Versteck und flog brummend durch das geöffnete Küchenfenster in die Freiheit. Im Inneren des Backpapiers machte sie dann ihre seltsame Entdeckung.

Wespen und Spinnen sind Räuber. Doch wer fraß hier wen? Sicher war nur, dass keines der Tiere Interesse an Susannes Lebensmittelvorräten hegte. Da konnte ich sofort Entwarnung geben. Das Spannende war, dass die vielen Spinnen auf dem Foto wie tot erschienen, gleichzeitig aber noch sehr frisch wirkten. Nicht die geringste Spur von Schimmel oder Verwesung. Scheintot? Sollte meine Freundin es mit Spinnenzombies zu tun haben? Bei diesem Gedanken machte es klick, und ich erinnerte mich an einen der größten Insektenforscher aller Zeiten, an den Franzosen Jean-Henri Fabre.

Fabre lebte Ende des 19. Jahrhunderts als Lehrer und Professor auf Korsika und in Südfrankreich. Er war nicht nur ein guter Physiklehrer, sondern auch ein herausragender Autor. Der Franzose verfasste Schulbücher, die, weil sie wahre Bestseller wurden, ihm ermöglichten, einen Traum Wirklichkeit werden zu lassen. Fabre kaufte sich ein kleines Anwesen in Sérignan-du-Comtat, unweit der Stadt Orange. *Harmas* nannte Fabre sein neues Zuhause inmitten der sonnenverwöhnten südfranzösischen Landschaft. Rund um den *Harmas* sollte Fabre für den Rest seines Lebens seinen zwei größten Leidenschaften nachgehen: Tagsüber streifte er durch die Natur und seinen Garten und studierte alles, was da kreuchte und fleuchte. Abends brachte er seine Beobachtungen an seinem berühmt gewordenen Schreibpult zu Papier. So entstanden die *»Souvenirs Entomologiques«*, seine entomologischen, also insektenkundlichen Erinnerungen. Die *»Souvenirs*

Entomologiques« sind kein sprödes Werk für Spezialisten, sondern ein literarischer Leckerbissen, eine Mischung aus exakten Verhaltensschilderungen, Gedichten, philosophischen Gedanken und tagebuchartigen Geschichten. Fabre schrieb in seinem *Harmas* so spannende Naturkrimis, dass er für den Nobelpreis vorgeschlagen wurde – für den Literaturnobelpreis wohlgemerkt.

Was aber hatte ein französischer Naturforscher und Autor mit dem Wespen-und-Spinnen-Problem meiner Freundin Susanne zu tun?

Jean-Henri Fabre war einer der ersten Menschen überhaupt, der Schmetterlinge, Käfer und Wespen nicht nur wegen ihrer Schönheit sammelte. Ihn interessierte vielmehr, wie sie leben, was sie fressen und wie sie sich vermehren. Nichts sollte Fabres Neugier entgehen. Der Physiklehrer wurde so zu einem der ersten und wichtigsten Verhaltensforscher überhaupt – mehr als 100 Jahre, bevor mit Konrad Lorenz, Nikolaas Tinbergen und Karl von Frisch die bisher einzigen Verhaltensbiologen den Nobelpreis für Medizin verliehen bekamen.

Zu Fabres Meisterstücken gehören seine Beobachtungen über die gelbflügelige Grabwespe. Über 10 000 Grabwespenarten haben Biologen inzwischen weltweit entdeckt und beschrieben, darunter nur wenige Millimeter kleine Zwerge und mehrere Zentimeter große, mit einem furchterregenden Stachel bewehrte Riesen. Anders als die gemeine Wespe, die uns im Spätsommer unser Picknick im Freien verleidet, lebt die Grabwespe nicht in großen Staaten. Sie schlägt sich ganz alleine durch ihr Insektenleben. Wo der Boden locker ist, beginnt Fabres Studienobjekt, mit ihren sechs Beinen ein Loch zu buddeln.

Dabei kickt sie Sandkörner und Bodenpartikel einfach hinter sich und wirbelt so kleine Sandfontänen auf. Immer tiefer arbeitet sie sich in den Boden vor, bis die kleine Höhle schließlich fertig ist.

Fabre beobachtete, wie die eifrige Wespe dann fortflog und kurze Zeit später mit einem Beutetier, einer Grille, zurückkam. Die zog sie bis in ihre kleine Höhle, legte ein Ei dazu und verschloss danach ihr Bauwerk.

Fabre ist zu verdanken, dass wir noch wesentlich mehr über das unglaubliche Brutverhalten der Grabwespen wissen. Die Räuber sind unfassbar wählerisch, wenn es darum geht, was sie ihren Nachkommen als Proviant mit in die Bruthöhle legen. Fabres gelbflügelige Grabwespen schleppten fast ausschließlich Grillen aus der Umgebung an. Und zwar so ausschließlich, dass der Naturforscher ziemlich überrascht war, als er beobachtete, dass ein Tier dann doch einmal eine Ausnahme machte.

»Die Szene ereignet sich auf einem Uferdamm der Rhone. Auf der einen Seite der breite, tosende Fluss; auf der anderen ein Gestrüpp von Weiden, Salweiden und Schilf. Dazwischen ein gelber Pfad mit einem Polster von feinem Sand. Eine Gelbflügelige Grabwespe kommt gehüpft, ihre Jagdbeute hinter sich ziehend. Was sehe ich? Es ist keine Grille, sondern eine gewöhnliche Feldheuschrecke! Und doch ist der Hautflügler die mir so gut bekannte Grabwespe, die energische Grillenjägerin. Ich traue meinen Augen nicht. – Die Höhle ist in der Nähe: Sie schlüpft hinein und legt die Beute ab. Ich setze mich, einen weiteren Streifzug abzuwarten – wenn nötig Stunden –, um zu sehen, ob der außergewöhnliche Fang wiederholt wird, und nehme die ganze Breite des Pfads ein.« [3]

Es überrascht nicht, dass ein erwachsener Mann, der im 19. Jahrhundert stundenlang mitten auf einem Weg ausharrt, um kleinen Insekten bei ihrem Tagwerk zuzusehen, von seinen Zeitgenossen mitunter Misstrauen und Spott erntete. Und so endete eine seiner vielen Grabwespenexkursionen fürs Erste mit einer Niederlage:

»Zwei unschuldige Rekruten nahen, frisch geschoren, mit jenem unvergleichlichen einförmigen Aussehen, das die ersten Kasernentage mit sich bringen. Sie plaudern, reden sicherlich von zu Hause und ihren Mädchen, die sie zurückgelassen haben; beide schälen eine Weidengerte mit einem Messer. Ich kriege es mit der Angst zu tun. Ach, es ist nicht leicht, ein Experiment zu machen an einem öffentlichen Weg, wo – wenn sich ein seit Jahren beobachtetes Faktum zeigt – Passanten eine Gelegenheit, die sich vielleicht nie wieder bietet, behindern oder zunichtemachen! Ich verziehe mich ins Gebüsch und gebe den schmalen Pfad frei. Alles andere wäre unklug gewesen. Sie zu bitten: ›Meine Guten, geht hier nicht durch‹, hätte es noch schlimmer gemacht. Sie hätten eine im Sand versteckte Falle vermutet; und es hätte Fragen gegeben, die nicht zufriedenstellend zu beantworten gewesen wären. Und meine Bitte hätte diese Spaziergänger zu Zuschauern gemacht, die bei solchen Studien sehr stören. Ich gehe also und vertraue meinem guten Stern. Aber ach! Der lässt mich im Stich: Der schwere Militärstiefel tritt auf die Decke der Grabwespenhöhle. Ein Schaudern überläuft mich, als hätte mich das Absatzeisen getroffen.« [4]

Fabre aber ließ sich nicht entmutigen. Und so sollte er noch viel mehr über seine Grabwespen herausfinden. Die erwachsenen Tiere besuchen ähnlich wie Bienen Blüten und ernähren sich ausschließlich von Nektar und

Pollen. Zum gefährlichen Jäger werden nur die Weibchen. Sie überfallen andere Insekten oder Spinnen, um ihrer Brut proteinreiche Nahrung zu vermachen. Es gibt Grabwespenarten, die ausschließlich Schaben auflauern. Andere sind auf Heuschrecken spezialisiert. Dann gibt es Bienenjäger und wieder andere, die es mit einem Gegner aufnehmen, um den Insekten eigentlich einen großen Bogen machen – mit Spinnen.

Ich näherte mich, dank Fabres Hilfe, der Aufklärung des seltsamen Backpapierfalls. Es galt herauszufinden, welche Wespenart ausschließlich kleine Spinnen sammelt.

Fabre seinerseits hatte noch längst nicht alle Geheimnisse der Wegwespen enthüllt. Er schöpfte den Verdacht, dass mit den scheinbar leblosen Grillen, die seine Versuchstiere herantransportierten, etwas nicht stimmte. Ganz Forscher, der er war, stibitzte er einer Wespe ihre bewegungslose Grillenbeute. Und ersetzte sie durch eine lebende, die er vorher gefangen hatte. Was nun folgte, elektrisierte Fabre:

»Um nichts in der Welt will ich meinen Part bei dem Drama, das nun folgt, aufgeben. Die erschrockene Grille hüpft davon. Die Grabwespe bleibt ihr auf den Fersen, erreicht sie, packt sie. Dann gibt es im Staub einen Kampf, bei dem bald die Siegerin, bald die Besiegte oben oder unten ist. Der Erfolg, der beiden kurz winkte, krönt schließlich die Mühen der Angreiferin. Trotz heftigen Umsichschlagens, trotz Zwickens mit ihren Kieferzangen wird die Grille niedergestreckt und liegt nun auf ihrem Rücken. Die Vorbereitungen der Mörderin sind bald getroffen. Sie stellt sich über die Grille, Bauch gegen Bauch mit ihrem Gegner, aber

in der Gegenrichtung, packt mit den Kiefern eine der Lenden und bändigt mit den Vorderbeinen das krampfhafte Strampeln der dicken Hinterschenkel. Gleichzeitig umfassen ihre mittleren Beine die zuckenden Flanken der Besiegten. Und die hinteren Beine stützen sich wie zwei Hebel auf das Gesicht der Grille, sodass ihr Halsgelenk auseinanderklafft. Dann krümmt die Grabwespe ihren Hinterleib nach oben, sodass sie eine gewölbte Oberfläche darbietet, welche die Kieferzangen der Grille nicht packen können. Und man sieht – nicht ohne Mitgefühl –, wie das Giftstilett in den Hals des Opfers eindringt; dann in die Verbindung der beiden vorderen Brustsegmente, dann in Richtung Hinterleib. Rascher, als man es berichten kann, ist der Mord vollbracht. Und nachdem die Grabwespe ihre Kleider wieder geordnet hat, schleppt sie das Opfer, dessen Glieder noch im Todeskampf zittern, davon.« [5]

Was Fabre beobachtete und zunächst für einen Mord hielt, war stattdessen eine perfide Entführung. Dreimal sticht die Grabwespe mit ihrem Stachel zu. Und verletzt damit drei Nervenknoten der Grille so stark, dass das Opfer zwar nicht tot, aber bewegungsunfähig ist. Die Grille wird so zu einer lebendigen Konserve, die so lange frisch bleibt, bis die Wespenlarve in ihrer Brutkammer aus dem Ei schlüpft.

Auch dieses Geheimnis sollte Fabre aufdecken. Er öffnete eine Grille und fand genau dort, wo Grabwespen ihre Stiche ansetzen, die sogenannten Ganglien, Nervenbündel im Nervensystem der Insekten. Fabre war überwältigt ob des »Wissens« der Natur. Wie konnte es angehen, dass eine von Instinkten gesteuerte kleine Wespe mehr von der Anatomie einer Grille »verstand« als die meisten Wissenschaftler seiner Zeit?

»Der Stachel stößt wie gesagt mehrmals zu. Erst unten am Hals, dann hinter das erste Brustteil und zuletzt vorne am Hinterleib … Doch öffnen wir eine Grille. Und was finden wir da als Steuerungsorgan für die drei Beinpaare? Wir finden, was die Grabwespe viel früher als die Anatomen wusste: drei weit auseinanderliegende Nervenzentren. Daher die wunderbare Logik der drei Stöße. Stolze Wissenschaft, übe dich in Demut!« [6]

Der geniale Beobachter und Autor Jean-Henri Fabre sollte noch viel mehr über räuberische Wespen herausfinden. Er sah dabei zu, wie andere Wespenarten versuchen, der Grabwespe ihre Beute abzuluchsen. Erstaunt stellte er fest, dass die komplizierte Brutpflege der Grabwespen einzig über Instinkte gesteuert wird: das Ausheben einer Bruthöhle, die Suche nach einem Beutetier und das gezielte Schachmattsetzen desselben. Fabre zeigte als erster Wissenschaftler überhaupt, wie komplex und einzigartig das Verhalten der vermeintlich so schlichten Insekten sein kann.

Gut, dass ich meinen Fabre gelesen habe, dachte ich. Alles Weitere war – dank des Internets – ein Kinderspiel: Innerhalb der riesigen Verwandtschaft der Grabwespen fand ich, wonach ich suchte:

Die Orientalische Mörtelwespe wurde aus Indien und Nepal nach Europa eingeschleppt und macht sich seit den 1990ern zunehmend bei uns breit. Diese Neubürgerin ist auf das Überfallen, Lähmen und Verfüttern kleiner Krabbenspinnen spezialisiert, die sie inmitten bunter Blüten überrascht. Anders als Fabres gelbflügelige Grabwespe gräbt die Mörtelwespe aber keine Bruthöhlen. Wie ihr Name schon verrät, sammelt sie in Pfützen Lehmpartikel, vermischt sie mit ihrem Speichel und formt mit diesem Mörtel kunstvolle, etwa zwei bis drei Zentimeter große Lehmtönnchen. Dahinein stopft sie eine große Ladung Spinnenzombies und legt ihr Ei dazu. Was folgt, ist bekannt: Direkt nach dem Schlüpfen beginnen die Mörtelwespenmaden ihre Spinnenvorräte nach und nach zu vertilgen, bis sie sich selbst in geflügelte Spinnenjägerinnen verwandeln …

Ich gebe zu, ich war sehr stolz. Sollte das Biologiestudium doch wenigstens ein bisschen gefruchtet haben? Würde ich die Freundin nicht mit meinem Wissen beeindrucken? Würde sie in mir den großen Biologendetektiv erkennen? Ich war mir ihrer Dankbarkeit angesichts der guten Nachrichten, die ich für sie parat hatte, absolut sicher. Ich machte mir zur Feier des Moments einen Kaffee und wählte Susannes Nummer.

»Ich habe die Lösung«, überfiel ich meine Freundin, »du hast Mörtelwespen. Kein Grund zur Besorgnis, keine Mehlmotten oder etwas ähnlich Fieses!«

»Ach …«

»Ja, und die Tierchen haben eine ganz faszinierende Biologie …«, fuhr ich begeistert fort.

»Frank …«, versuchte sie meinen Redefluss zu stoppen.

»Ja, und bereits der Franzose Jean-Henri Fabre …«

Langsam wurde Susanne ungeduldig. Ich spürte, dass ihr meine Begeisterung, Mörtelwespen und auch französische Naturforscher reichlich schnuppe waren.

»Frank! Ich habe den ganzen Dreck gerade eben weggemacht!«

KAPITEL SIEBEN

Der Schabentsunami

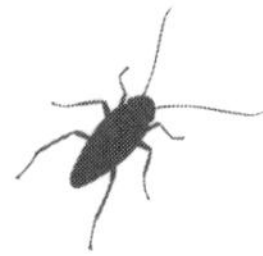

Die Suche nach dem Wunderstoff ging weiter. Was machte den eigenen Kot so attraktiv für *Blattella germanica*, die Hausschabe? Langsam grenzten wir immer weiter ein, welche Inhaltsstoffe die Kakerlakennymphen im Aggregationstest auf den Teststreifen lockten und welche nicht.

Besonders interessant war eine Gruppe organischer Substanzen, die die Bayer-Chemiker im *Blattella*-Kot aufspürten, sogenannte Karbonsäuren mit blumig klingenden Namen wie Myristin-, Önanth- und Elaidinsäure. Einige dieser Inhaltsstoffe machten den Bayer-Kollegen Hoffnung, zeigten sich die Baby-Testschaben in meinen Versuchen doch durchaus interessiert.

Bei allen Fortschritten gab es aber auch Probleme. Trotz aller Vorsicht sowie einer dreifachen Stromschiene am oberen Rand des Schabenzuchtkastens gelang es immer wieder einzelnen Tieren, aus dem ihnen zugewiesenen Zuhause auszubüxen. Wenn dann eine unserer Schaben durch ein Nachbarlabor lief, hagelte es Beschwerden.

»Passt gefälligst besser auf! Oder hört am besten ganz auf mit eurer Schabenforschung, bevor eure Kakerlaken in unsere Petrischalen scheißen!«

Die Kritik war nicht einfach zu entkräften. Wir machten uns wirklich nicht beliebt. Am schlimmsten war es im

Schabenzuchtraum, einer Klimakammer, die immer mollig warm gehalten wurde. Die rote Zuchtkiste erwies sich leider nicht als ausbruchsicheres Hochsicherheitsgefängnis, es war eindeutig kein Schaben-Alcatraz. Immer wieder überwanden *Blattella*-Nymphen, erwachsene Männchen und Weibchen mit und ohne Eipaketen die Stromsperren und den Wassergraben. Dann machten sie es sich in allen Ecken, hinter Regalen und zwischen Kisten und Kästen im Zuchtraum gemütlich. Ein Zustand, der so nicht haltbar war. Es galt, den entwischten Kakerlaken in der Klimakammer den Garaus zu machen, sosehr die Tierchen mich inzwischen auch faszinierten.

Mein Professor, der Biologe Martin Dambach, und ich suchten nach einer Methode, der Plage Herr zu werden. Dann kam uns eine Idee. Was, wenn wir die Tür des Zuchtraumes fest verschließen und das Innere der Klimakammer immer weiter aufheizen würden, bis die Schaben am Hitzekollaps stürben? Zugegeben, der Plan war nichts, womit man sich brüsten sollte. Doch es musste etwas geschehen …

Zwei leistungsstarke Radiatoren wurden herbeigeschafft und in die Klimakammer gerollt. In der Tür des Zuchtraums war eine kleine Öffnung ausgespart, in die ein Sichtfenster eingelassen war.

»Wir brauchen eine Kontrolle, nicht dass wir die Kammer zu früh wieder öffnen«, beschloss der Biologieprofessor. Mit ein wenig Klebeband befestigte er ein durchsichtiges Plastikkästchen und ein Thermometer an der Innenseite des Bullauges. Hinein setzte er fünf, sechs Schaben. Deckel drauf, fertig! Dann stellten wir die Radiatoren auf volle Pulle, ließen das Licht in der Klimakammer an, schlossen die Tür und warteten.

Nach einer Stunde schauten wir, wie viele der Kontrollkakerlaken noch lebten. Die Hitze hatte ihr Teufelswerk getan. In der kleinen Plastikbox rührte sich nichts mehr. Wir beschlossen, es zu wagen und in der Kammer nach dem Rechten zu sehen. Martin Dambach senkte den langen Griff und zog die Tür nach außen auf. Kaum hatte sich ein kleiner Spalt aufgetan, drängte sich uns eine braune Masse entgegen.

Hunderte Hausschaben ergriffen die Flucht aus ihrem saunaartigen Gefängnis. Wie eine Welle aus Chitin floss es über Fußboden und Wände. Dann, wenige Meter weiter, teilte sich der Schabenteppich in immer kleinere Grüppchen. Aus einer anfänglich homogenen Masse wurden Hunderte einzelne Sechsbeiner, die erst in den Flur und dann über das Treppenhaus in alle Etagen, Labors und Büros des Zoologischen Instituts der altehrwürdigen Universität zu Köln entflohen.

Ich musste sofort an Roman Polanskis Film »Tanz der Vampire« denken. Seine beiden vertrottelten Hauptfiguren bekämpfen zwar das Böse, sorgen aber am Ende in ihrer Schusseligkeit dafür, dass es sich über die ganze Welt verbreitet. In meiner Geschichte entfesselten mein Professor und ich einen Schabentsunami, der wahrscheinlich alle Universitätsräume flutete.

Was war da passiert? Wie konnten die Kakerlaken das Hitzeinferno überleben? Offensichtlich schloss die Tür der Klimakammer nicht so dicht, wie wir angenommen hatten. Ein feiner kühler Lufthauch drang durch einen verbliebenen kleinen Spalt nach innen. Die von den tödlichen Temperaturen aufgeschreckten Schaben müssen ihre Verstecke verlassen, ihre Antennen aufgestellt und sich in Richtung der rettenden Brise aufgemacht haben. *Taxis* nennen Verhaltensforscher eine zielgerichtete Bewegung in Richtung eines Reizes. In unserem Fall endete die *Thermotaxis*, die Massenflucht der Insekten, im Türspalt der Klimakammer. Dort, im kühlen Lufthauch, überlebten die Schaben ihre armen Artgenossen in der Kontrollbox.

Da war sie wieder: *Blattella germanica*, die Superplage, *the perfect bug* – mit feinsten Sinnen und lebensrettenden Reflexen ausgestattet und flach genug für jeden rettenden Spalt.

Hätte es damals schon den Ausdruck *shitstorm* gegeben, wir hätten ganz sicher einen ausgelöst. In den folgenden Tagen mussten viele Kollegen, vom Doktoranden bis zum Institutsleiter, beruhigt werden. Nur um Schabenhaaresbreite wurde mir erlaubt, meine Diplomarbeit zu Ende zu bringen. Zum Glück nahte auch schon der Abgabetermin. Mein wichtigstes Ergebnis: Ein Gemisch der vier Karbonsäuren Önanth-, Myristin, Phenylmilch- und Dodecandisäure wirkte auf die Babyschaben fast genauso gut wie ein Kotextrakt. Sie versammelten sich mit sehr hoher Wahrscheinlichkeit auf dem Teststreifen. Jede der vier Säuren für sich wirkte aber weniger erfolgreich als das Gemisch. Bayer meldete die Wundermischung unter dem Titel »Schabenbekämpfungsverfahren und Mittel zur Bekämpfung von Schaben« als Patent an. Leider, so musste ich erfahren, erwirbt man als Diplomand keinerlei Rechte an so einer Erfindung. Auf unerwartete Einkünfte aus dem Verkauf des Lockstoffcocktails konnte ich also nicht hoffen. Lehrjahre sind halt keine Herrenjahre. Mein Schabenverleihgeschäft sollte das einzige Kakerlakenbusiness sein, das für mich etwas abwarf.

Doch auch das Schabenleasing ging seinem Ende entgegen. Mein Freund hatte plötzlich genug vom jungdynamischen Musiksender VIVA und kündigte seine Redakteursstelle. Die lukrativen Aufträge blieben danach aus. Bis ich eines Tages am Schwarzen Brett des Zoologischen Instituts einen Aushang entdeckte. Auf dem Zettel stand:

»Hallo, ich bin VIVA-Redakteur und auf der Suche nach dem Studenten, der meinen Vorgänger immer mit Schaben für Dreharbeiten versorgt hat. Ich soll das Projekt weiterführen. Allerdings: Ich werde diese Ekelviecher NIEMALS anfassen. Du MUSST in Zukunft bei den Dreharbeiten dabei sein!!!«

Sofort rief ich die Telefonnummer des neuen Redakteurs an. Der zeigte sich verwirrt: »Wie? Du bist das? Hier hat schon ein anderer angerufen und seine Hilfe angeboten.« Ein Kommilitone war mir – ein lukratives Geschäft witternd – bereits zuvorgekommen. Doch ob mit mir oder ohne mich, »Die Kakis« wurden bald eingestellt. Meine Geldquelle war somit endgültig versiegt.

Aber auch mein Professor und die Kollegen bei Bayer wurden mit ihrer Erfindung keine Millionäre. Die Vermarktung der Karbonsäuremischung erwies sich als ziemlich schwierig. Die Lockstoffe verloren ihre Wirkung, wenn Bayers Produktdesigner sie Insektengiften untermischten. Um das zu verhindern, entwarfen sie eine Schabenfalle, die aus zwei Kammern bestand. In die eine gaben sie den Lockstoff, in die andere das Insektizid. So blieb die Wirkung des Karbonsäuren-Cocktails zwar erhalten, der spätere Verkaufspreis dieser aufwendigeren Konstruktion wäre aber in die Höhe geschossen. Bayers

Marketingabteilung vermeldete, dass die erhöhte Wirksamkeit des Produkts seinen höheren Verkaufspreis nicht rechtfertigte. Die Karbonsäuren-Kakerlakenfalle kam nicht auf den Markt.

KAPITEL ACHT

Wozu sind Kakerlaken eigentlich gut?

Mein Schabenjahr ging seinem Ende entgegen. Die Diplomarbeit war geschrieben und abgegeben, das musste gefeiert werden.

»Wozu sind Schaben eigentlich gut?«, fragte mich eine Freundin während meiner kleinen Diplomparty. Ich verstand die Frage erst gar nicht.

»Wie? Wozu gut?«

»Na, haben Schaben irgendeinen Sinn?«, präzisierte sie ihre Frage. »Sind sie zu irgendwas nütze, so wie Bienen oder Regenwürmer?«

Eine spannende Frage, die ich mir während all der Monate allerdings kein einziges Mal gestellt hatte. Muss ein Lebewesen denn nützlich sein, süß, klug oder gefährlich, um für einen Forscher interessant zu sein? Biologie heißt übersetzt: die Wissenschaft vom Leben. Wir Biologen wollen herausfinden, wie das Leben entstanden ist, wie sich die vielen Arten entwickelt haben, wie Tiere, Pflanzen und alle anderen Lebewesen wachsen, sich vermehren und wie sie am Ende sterben. Spannend ist vor allem die Frage, welche Anlagen und welche Überlebensstrategien eines Organismus erfolgreich sind und welche eben nicht.

Dafür lohnt ein Perspektivwechsel. Man versetze sich für ein paar Minuten in den Körper einer Schabe.

Eine Schabe ist sich höchstwahrscheinlich nicht bewusst, dass sie eine Schabe ist. Sie fragt sich auch nicht, welche Rolle ihr im Universum zukommt oder ob es wichtig ist, die eigene Art zu erhalten. Das sind menschliche Fragen. Eine Schabe ist – vereinfacht ausgedrückt – für einen Biologen die Gesamtheit aller Merkmale, die eine Schabe ausmachen. Solche Merkmale sind beispielsweise ein flacher Körper, sechs Beine, das Aggregationsverhalten, Facettenaugen, Ootheken, Schnelligkeit und so weiter. All diese Merkmale sind in den Genen der Tiere festgeschrieben und werden über die Eier und Spermien von Generation zu Generation weitergegeben. Diese Gene sind also unsterblich, solange sich eine Schabe und ihre Nachkommen erfolgreich fortpflanzen. Der Körper aber scheidet am Ende eines Schabenlebens dahin und zerfällt. Doch wenn die Gene eines Organismus unsterblich sind, wozu braucht es dann überhaupt das Drumherum, ob in Form einer Schabe, eines Pottwals oder eines Mammutbaums?

Das ist so, weil ohne einen Körper auch die Gene sterben würden. Chemisch betrachtet liegen sie in Form von riesigen Molekülen vor, der Desoxyribonukleinsäure (DNA). Außerhalb des Körpers wäre ein solches Riesenmolekül nicht stabil. Sonnenstrahlung und chemische Prozesse würden dafür sorgen, dass die DNA einfach zerfiele. In den Zellen aber sorgt eine Armada von Enzymen dafür, dass die DNA ständig repariert, kopiert und vermehrt wird. Das kostet allerdings Energie.

An dieser Stelle kommt das »Drumherum«, in diesem Fall der Schabenkörper, ins Spiel. Der hat aus Sicht seiner Gene vor allem einen »Sinn«: Er sammelt laufend Treibstoff in Form von Nahrung, um den gewaltigen Apparat am Laufen zu halten, der bewirkt, dass die DNA nicht nur erhalten bleibt. Sie muss darüber hinaus auch laufend vermehrt und an die nächste Generation weitergegeben werden. Dafür sucht sich der Schabenkörper einen Sexualpartner, mit dem er Nachkommen zeugt, in denen die DNA weiterlebt, damit die Gene überdauern. Wenn eine Schabe ein auf den Küchenboden gefallenes Stück Brot verspeist, gibt es dafür also keinen tieferen Sinn als den, dass das »Schabendrumherum« ein Programm abspult, das von seinen Genen vorgegeben ist und letztlich nur ein Ziel hat: ebendiese Gene zu erhalten. Verlässt eine Schabe also nachts ihr Versteck, um etwas Essbares zu suchen, dann macht sie es nicht, um das Überleben ihrer Art, beispielsweise *Blattella germanica*, zu sichern, sondern um ihre eigenen Erbanlagen unsterblich zu machen.

Interessanterweise passt in dieses Konzept von den »egoistischen Genen[7]« auch das Brutpflegeverhalten mancher Schabenarten, das ja auf den ersten Blick wenig egoistisch erscheint. Wenn ein Kakerlakenweibchen seine Nymphen füttert und beschützt, füttert und beschützt es letztlich auch seine eigenen Gene, die es an ebendiese Nymphen vererbt hat.

Dennoch sterben manche Arten aus, während andere erfolgreich überleben. Das hat seine Gründe. Für eine Schabe und für jedes andere Lebewesen besteht die Welt aus Ressourcen, um die sie mit anderen Lebewesen der eigenen Art und fremder Arten konkurriert. Bäume wetteifern mit anderen Bäumen um das Sonnenlicht, Schaben mit anderen Schaben und auch mit anderen Insekten, Vögeln und Säugetieren um Nahrung und Verstecke. Echsen machen Jagd auf Schaben, und Parasiten befallen ihre Wirtsorganismen. Diesen gewaltigen Wettlauf gewinnen am Ende diejenigen Lebewesen (und damit ihre Gene), die sich diese Ressourcen am erfolgreichsten erschließen. Es müssen nicht immer die größten, gefährlichsten oder intelligentesten Lebewesen sein, die Erfolg haben – wie die Schaben beweisen. Sie sind in diesem Wettbewerb auch ohne spitze Zähne, Gift oder riesiges Gehirn ein sehr erfolgreiches Konstruktionsmodell: Sie sind Allesfresser, und ihr flacher Körperbau passt ins kleinste Versteck (Biologen nennen das eine »Schlupfwinkelgestalt«). Die Sechsbeiner sind mit empfindlichen Sinnen ausgestattet, sodass sie selbst geringste Erschütterungen oder den Lufthauch herannahender Räuber wahrnehmen. Und einige Arten betreiben sogar Brutpflege. Das Konstruktionsmodell »Schabe« ist seit dem Erdaltertum, also seit etwa 300 Millionen Jahren, praktisch unverändert geblieben. Während dieser 300 Millionen Jahre gab es zweimal gewaltige Aussterbephasen, in denen die Mehrzahl der damals lebenden Arten von der Erde verschwand. Das Modell Schabe aber überdauerte bis heute, während beispielsweise der gewaltige *Tyrannosaurus rex* nur ein paar Millionen Jahre über unseren Planten stapfte und auch das Mammut, der Säbelzahntiger und der Laufvogel Dodo längst Geschichte sind.

Wer weiter nach »Sinn und Zweck der Kakerlakenexistenz« sucht, könnte argumentieren, dass viele Schabenarten eine nicht unbedeutende ökologische Funktion erfüllen. Als sogenannte Destruenten, also als Zersetzer, helfen sie, abgestorbene Lebewesen wieder in Nährstoffe für neues Leben zu überführen. Sie sind Teil eines riesigen Nahrungsnetzes und darin Beute für andere Tiere, die sich viel größerer Beliebtheit bei uns Menschen erfreuen: von Vögeln, Reptilien und insektenfressenden Säugetieren. Sie sind also doch für etwas »gut«.

Es ist allerdings sehr unwahrscheinlich, dass noch andere Tierarten außer uns Menschen eine solche Kosten-Nutzen-Rechnung aufmachen. Man muss die Frage meiner Meinung nach ganz anders stellen. Nicht, wozu Schaben da sind, sondern warum all die Gene, die eine Schabe ausmachen, sich so gut im großen Kampf um die Ressourcen behaupten konnten. Wer die Frage nach dem WARUM auf diese Weise angeht, für den gibt es kein besseres oder schlechteres, kein nützliches oder schädliches Leben.

Heißt das nun, dass es auch für uns Menschen keinen höheren Lebenszweck gibt als den, unsere Gene weiterzugeben? Ist aus der Sicht eines Evolutionsbiologen letztlich egal, ob der Mensch ein Erfolgsmodell wie die Schabe ist oder eher ein Auslaufmodell, das schon nach ein paar Hunderttausend Jahren ebenso schnell wieder von der Erde verschwinden wird, wie er sie sich erobert hat?

Das, so finde ich, wäre doch arg kurz gedacht. Der Mensch ist am Ende doch mehr als nur ein »nackter Affe«, wie der britische Zoologe Desmond Morris *Homo sapiens* nannte. Es ist unser gewaltiges Großhirn, das den Unterschied macht. Mit seiner Hilfe können wir komplexeste Sachverhalte in Sprache fassen und Wissen ansammeln, niederschreiben und weitergeben. Die menschliche Existenz machen auch Politik, Malerei, Liebe, Krieg und Religionen aus, um nur ein paar unserer kulturellen »Errungenschaften« zu nennen. Unser Verhalten ist dank unseres leistungsfähigen Gehirns extrem komplex und flexibel, sodass der Mensch annähernd jeden Winkel dieses Planeten erobert hat (mit *Blattella germanica* und vielen anderen Hausgenossen in seinem Schlepptau). Ich kann also jeden verstehen, der *Homo sapiens* als die mit Abstand interessanteste Spezies auf diesem Planeten betrachtet.

Nicht alles lässt sich mit Methoden der Biologie erklären, weder eine Mozartoper noch technische Meisterleistungen wie die Erfindung des Rads oder des Computers. Wir werden kein Gen finden, das einen Monty-Python-Sketch schreiben kann, einen Rap-Song oder ein neues Grundgesetz. Der Mensch ist durch seine Kultur zu mehr geworden als nur zu einem Programm, das seine Gene abspulen. Und die Ironie dieser Geschichte: Unser Großhirn hat uns zu einer Spezies gemacht, die gentechnische Methoden erfand, mit denen wir in den Lauf der Evolution eingreifen und Lebewesen nach unseren eigenen Bedürfnissen »optimieren« können. Wir sind inzwischen genauso Herrscher über unsere Gene, wie es unsere Gene über uns sind. Der Mensch ist schon eine verrückte Spezies.

Doch was hat das noch mit der Frage nach dem »Sinn der Schaben« zu tun? Ich gebe zu, ich bin ein wenig abgeschweift. Aber trotz all unserer Besonderheit, unserer Kultur, unserer Wissenschaft – manchmal lohnt es sich, vom hohen Ross zu steigen und nicht immer jedes Lebewesen an uns Menschen zu messen und auf einen höheren Sinn abzuklopfen. Das Leben sucht sich seine Wege, seine äußeren Gestalten und seine Überlebensstrategien. Ob Schabe oder Schimpanse, am Ende wird abgerechnet, welches Modell erfolgreicher ist. Leider muss man sagen, dass dank menschlicher Aktivitäten die Aussichten für die Schimpansen wesentlich düsterer sind als für *Blattella germanica*.

ZWEITER TEIL

Rückkehr in den Regenwald

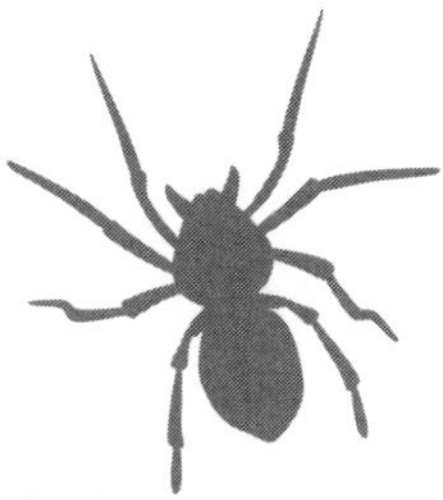

KAPITEL NEUN

Bei Anruf Liebe

Im Jahr 1912 unternahm der slowenische Verhaltensforscher Ivan Regen ein ungewöhnliches Experiment. Der Biologe, in Deutschland unter der deutschen Version seines Vornamens als Johann Regen bekannt, erforschte das Zirpen von Feldgrillenmännchen. Seine Vermutung war, dass das *crii, crii* der singenden Insekten dazu dient, paarungsbereite Weibchen anzulocken. Diese Annahme war naheliegend. Feldgrillenmännchen sitzen vor ihrer Wohnhöhle und singen fast ununterbrochen. Dabei streichen sie ihre Deckflügel so übereinander, dass spezielle im Flügel befindliche Membranen in Schwingung geraten und Schall abstrahlen. Manchmal kommt dann ein Weibchen herbeigelaufen, und die beiden Insekten paaren sich. Doch ist damit bewiesen, dass die Weibchen wirklich alleine durch den Gesang angelockt werden? Könnte es nicht auch sein, dass Düfte mit im Spiel sind? Oder dass es das Aussehen des Männchens ist, auf das das Grillenweibchen reagiert? Auch könnte der Gesang eine ganz andere Funktion haben. Vielleicht vertreibt er ja andere Männchen, Konkurrenten des Sängers.

Dass das Grillenmännchen singt, um Weibchen anzulocken, war zwar sehr wahrscheinlich, nur bewiesen war es noch nicht. Es war lediglich eine Theorie. Für einen sicheren Beweis brauchte es noch ein geeignetes Experiment.

So funktioniert Wissenschaft, und auch Johann Regen hatte sich dieses Prinzip auf seine Fahnen geschrieben. Um seine Theorie zu bestätigen, musste der Biologe alle anderen möglichen Reize, die vom Grillenmännchen ausgehen könnten, als Ursache für das Interesse des Weibchens ausschließen. Seine weiblichen Versuchstiere durften das singende Männchen weder sehen noch riechen, noch auf andere Art wahrnehmen. Regen wollte den Insekten einzig den Gesang eines Männchens präsentieren, um seine Vermutung zu überprüfen.

Damit stand er vor einem Problem: Im Jahr 1912, als Regen seine Versuche durchführte, gab es weder Kassettenrekorder noch geeignete Tonbänder, mit denen der Biologe einfach den Gesang der Feldgrille aufzeichnen und danach einem Weibchen hätte vorspielen können. Was allerdings schon existierte, war das Telefon. Regen hatte die Idee, das Zirpen eines Grillenmännchens per Telefonleitung von einem Laborraum in einen anderen zu übertragen – eine Livesendung vom Grillenmännchen zum Grillenweibchen. Was aus heutiger Sicht einfach klingt, war für den Insektenforscher eine komplizierte Tüftelei.

»Diesen Untersuchungen stellten sich anfangs insofern Schwierigkeiten entgegen, als die gewöhnlichen Telephone die Stridulationslaute (Anm.: das Zirpen) *nicht in gewünschter Stärke übertrugen und hierfür geeignete Apparate erst gefunden werden mussten«,* schreibt der Biologe in seiner Veröffentlichung.[8]

Regen experimentierte mit selbst gebauten Lautsprechern und sogenannten Dosentelefonen. Am Ende wurden sein Ehrgeiz und seine Ausdauer belohnt. Drang das Zirpen eines Grillenmännchens aus seinem Telefonhörer, setzten sich die Testweibchen in Bewegung und liefen zielstrebig auf die Schallquelle zu. Aus einer anfänglichen Vermutung war somit gesichertes Wissen geworden: Grillengesang löst beim Grillenweibchen eine zielgerichtete Bewegung in Richtung der Schallquelle aus, eine sogenannte Phonotaxis (man erinnere sich an die Thermotaxis, mit deren Hilfe die Schaben dem Zuchtrauminferno entkamen). Der Gesang des Grillenmännchens wird deshalb auch Lockgesang, im Englischen *calling song*, genannt. Es ist nur ein Zufall und keine Reminiszenz an Johann Regen, dass man das englische Wort *call* auch mit »Telefonanruf« übersetzen kann.

Regens Telefonexperiment war Teil des Auftakts einer neuen Forschungsrichtung, deren Ziel bis heute ist, den Sinn und die Botschaften von Tierstimmen zu entschlüsseln. Dieser Zweig der Biologie wird Bioakustik genannt.

Auch mein Professor Martin Dambach war eigentlich ein Bioakustiker. Die *Blattella*-Forschung war nur eine Episode in seiner wissenschaftlichen Vita. Wesentlich mehr interessierte er sich wie fast hundert Jahre vor ihm schon Johann Regen für die akustische Kommunikation von Insekten, insbesondere die von Grillen. Der Professor fragte mich, ob ich bei ihm im Labor auch für meine Doktorarbeit bleiben wolle. Dann müsste ich allerdings umsatteln zur Grillenforschung und zur Bioakustik.

»Bei Ihnen würde ich gerne weiterarbeiten«, war eine ehrliche Antwort, »aber Sie wissen ja: Eigentlich wollte ich schon fürs Diplom in die Tropen.«

Da ließe sich doch bestimmt etwas arrangieren, so die spontane Antwort.

Mein Professor hielt Wort. Es reichten ein paar Telefonate, und wenige Monate später reiste ich ein zweites Mal nach Südamerika. Anders als bei meinem gescheiterten Kolibriprojekt war dieses Mal nicht Kolumbien, sondern das Nachbarland Ecuador das Ziel. Von der hoch in den Anden gelegenen Hauptstadt Quito nahm ich einen Linienflug, der mich in das Untersuchungsgebiet bringen sollte.

Aus dem Fenster des Flugzeugs sah ich die schneebedeckten, über 5 000 Meter hohen Gipfel der Andenvulkane Cayambe und Antisana aus den Wolken hervorragen. Dann wurden die Berge rasch kleiner, bis sich unter dem Flieger eine gewaltige Ebene erstreckte: Ecuadors wilder Osten – der *Oriente,* wie die Ecuadorianer ihren Teil des riesigen Amazonasbeckens nennen. Der Jet landete auf dem Flugplatz der Kleinstadt Lago Agrio. Als ich den Flieger verließ, setzte die feuchtwarme Mittagshitze sofort meine Schweißdrüsen in Betrieb. Ich war zurück in den Tropen! Und wie sollte es anders sein: Kurze Zeit später fand ich mich wie schon zwei Jahre zuvor in Kolumbien erneut in einem billigen Hotelzimmer wieder.

KAPITEL ZEHN

Welcome to the jungle

Was ist wohl schiefgelaufen, wenn eine Stadt, die offiziell Nueva Loja heißt, von jedem, den eigenen Bewohnern inbegriffen, nur Lago Agrio – Saurer See – genannt wird? Die kleine Stadt, von der die Rede ist, liegt im Nordosten Ecuadors, im nordwestlichsten Ausläufer des Amazonasbeckens, des größten zusammenhängenden Waldgebiets der Erde. Im Jahr 1972 begann der Konzern Texaco in Lago Agrio Erdöl zu fördern. Schnell wuchs in der Urwaldprovinz Sucumbíos eine Kleinstadt heran. Zuerst kamen die Ölfirmen und mit ihnen die ersten einfachen Straßen, dann folgten Siedler aus ganz Ecuador. So fraßen sich anfangs noch langsam und dann immer schneller Ölfelder, neue Dörfchen und Plantagen in den bis zu diesem Zeitpunkt noch fast unberührten Regenwald.

Im Jahr 1995 übernachtete ich das erste Mal in Lago Agrio. Das *Grand Hotel* der Kleinstadt war – anders als sein Name vermuten lassen würde – ein schmuckloser Betonbau. Mit seinen drei Stockwerken gehörte es zu den höchsten Gebäuden des Ortes. Mein Zimmer war überaus schlicht eingerichtet: Bett, Stuhl, Lampe. Das war's. In diesen kargen vier Wänden sollte ich also meine erste Nacht in Amazonien, meinem Sehnsuchtsort, verbringen. Über den Hotelflur polterten schwere Schritte. Ein stechender Geruch kroch in mein Zimmer – es war ein

Hauch von Erdöl, der sich im ganzen Hotel ausbreitete. Das mussten Arbeiter sein, die von der Spätschicht kamen, dachte ich auf dem Bett liegend. Ich schloss meine Augen und spürte die schwüle Tropenluft. Lago Agrio erinnerte mit seinen Öllagern, den Tanklastern und seinen Arbeitern eher an Wesseling, den kleinen Industrieort am Rhein, in dem ich aufgewachsen war. Doch die Ölstadt sollte ja auch nur der Ausgangspunkt sein, von dem aus mein Dschungelabenteuer starten würde.

Mein Professor hatte nicht zu viel versprochen und mich mit einem seiner Kollegen bekannt gemacht. Klaus Riede, der im Zimmer nebenan schlief, war wie Martin Dambach Bioakustiker. Nur hatte Klaus Riede sich auf das Arbeiten in den Tropen spezialisiert. Wenn er nicht das Verhalten von Heuschrecken beobachtete, betrieb er Forschung mit Mikrofon und Tonbandgerät. In den Jahren zuvor hatte er Schallaufnahmen in Regenwäldern Südamerikas und Malaysias gemacht. Damit war er ein Pionier eines noch jungen Forschungsansatzes. Die damals recht neue Idee war, ganze Ökosysteme über ihren »Klang« zu charakterisieren.

Klaus analysierte seine Aufnahmen mithilfe von Computer und spezieller Software, um abzuschätzen, wie artenreich seine Untersuchungsgebiete waren. Viele verschiedene Tierstimmen auf den Aufnahmen ließen vermuten, dass ein Biotop nicht nur voller akustisch kommunizierender Tiere, sondern wahrscheinlich auch ebenso reich an »stummen« Lebewesen war. Der Klang eines Gebietes, so die Vermutung, wäre für Biologen ein Indikator für seinen generellen Artenreichtum. Mit Mikrofon und Computer, das war die Idee, ließen sich vielleicht sogenannte *Hot Spots* des Lebens finden, also besonders artenreiche und damit schützenswerte Naturparadiese.

Doch nicht nur das. Wiederholt man solche Schallaufnahmen zu verschiedenen Zeitpunkten – am Tag, nachts, im Winter, im Sommer und während Regen- oder Trockenzeiten –, erfährt man noch viel mehr über ein Ökosystem. Der Sound eines Gebietes verrät, ob das Leben seiner Bewohner dem Wechsel von Tag und Nacht oder den Jahreszeiten folgt.

Für einen Wald bei uns in Europa erscheint diese Frage auf den ersten Blick banal. Im Winter sind nur wenige Tiere aktiv, im Frühjahr aber erwacht alles, und die meisten Arten beginnen nun ihr akustisches Werben um einen Partner. In einem solchen Wald explodiert im Frühling das Leben. Es reicht hinzuhören, um das zu begreifen. Für tropische Regenwälder allerdings war unser Wissen damals noch sehr lückenhaft. Klaus' Schallaufnahmen sollten helfen, viele offene Fragen zu beantworten.

Inzwischen, mehr als 20 Jahre später, sind die Methoden der Bioakustik bereits wesentlich ausgefeilter. Das gilt besonders für die Analyse digitalisierter Schallaufnahmen. Heutzutage können spezielle Computerprogramme automatisch erkennen, welche Tierstimmen sie vorgespielt bekommen.

Solche Programme arbeiten ähnlich wie das Musik-Erkennungsprogramm *Shazam*: Wer wissen will, welcher Song gerade im Radio läuft, zückt sein Mobiltelefon und startet diese App. Das Programm gleicht das unbekannte Musikstück mit einer riesigen Musik-Datenbank ab, auf die es online zugreift. Findet *Shazam* so eine Übereinstimmung, verrät die App ihrem User, welches Stück welches Künstlers gerade zu hören ist. Ähnliche Programme werden inzwischen auch für Tierstimmen entwickelt. Die Handy-App *Warblr* beispielsweise verspricht, wie eine Art Ornithologen-*Shazam* mehr als 80 Vogelarten der Britischen Inseln anhand ihrer Gesänge identifizieren zu können – mit einer Erfolgsquote von über 95 Prozent.

Schallanalysen ganzer Lebensräume werden von Biologen auch *soundscapes* genannt, ein Hybridwort aus *sound* (Schall) und *landscape* (Landschaft). Der Traum mancher Naturschützer ist, die Aufnahme und Auswertung solcher *soundscapes* immer weiter zu automatisieren. Dann könnte man beispielsweise in einem Naturschutzgebiet Mikrofone installieren, die ihre Aufnahmen an einen Computer senden. Der könnte dann laufend neue *Soundscape*-Analysen ausführen und miteinander vergleichen. Ein derartiges System würde Naturschützern und Biologen melden, wenn sich draußen im Freiland etwas verändert. Selbst wenn eine derartige Technik heute noch nicht alle Tierstimmen sicher identifizieren kann (das gilt besonders innerhalb eines komplexen Tierstimmenchores), könnte es dennoch Alarm schlagen, wenn insgesamt weniger Tiere singen, einzelne Gesänge verschwinden oder neue hinzukommen. Je zuverlässiger und detaillierter solche automatisierten *Soundscape*-Analysen werden, desto eher haben Naturschützer ein preiswertes Werkzeug zur Hand, um ein Biotop überwachen zu können.

Inzwischen ist das längst keine Zukunftsmusik mehr. Dass automatisierte Schallanalysen sehr genau den Artenreichtum eines tropischen Waldes erfassen können, zeigte ein Biologenteam aus Costa Rica in einer aufwendigen Feldstudie[9]. Im Santa Rosa National Park Costa Ricas installierten die Ornithologen Mónica I. Retamosa Izaguirre, Oscar Ramírez-Alán und Jorge De la O Castro an zwölf Standorten ihre Aufnahmegeräte. Die Forscher führten an diesen Untersuchungsorten nicht nur *Soundscape*-Analysen durch, sie erfassten dort vorkommende Vogelarten darüber hinaus auch mit klassischen Methoden. Das althergebrachte Vogelzählen zeigte, dass es artenreichere und -ärmere Zonen innerhalb des Santa Rosa National Park gibt. Außerdem, wenig überraschend, sangen die meisten Vogelarten in den frühen Morgenstunden. Die automatisierte Schallanalyse lieferte in weiten Teilen ein identisches Ergebnis. An den vogelreichen Untersuchungsorten war auch der aufgenommene Schall komplexer als an artenärmeren. Für die Morgenstunden identifizierte die Software der Ornithologen mehr Vogelstimmen als für die anderen Tages- und Nachtzeiten, was die Aktivitätszeiten der beobachteten Vögel exakt widerspiegelte. Das zeigt, wie leistungsstark automatisierte *Soundscape*-Analysen schon heute sein können und dass sie mit dem Voranschreiten der digitalisierten Schallerkennung in Zukunft Biologen noch viel mehr Arbeit abnehmen werden.

Im Jahr 1995 steckte die *Soundscape*-Forschung allerdings noch in ihren Kinderschuhen. Ich sollte Klaus Riede bei seinen Arbeiten unterstützen und mich gleichzeitig um meine Doktorarbeit kümmern. Mein Plan war, das, was Johann Regen 1912 mit der in Deutschland heimischen Feldgrille begonnen hatte, in Ecuador im tropischen Regenwald weiterzuführen. Ich wollte herausfinden, wie viele verschiedene Grillenarten in einem Stück dieses Urwalds vorkommen, wann und wie sie singen und wie sie es schaffen, mit ihren Lockgesängen – umgeben von dichtem Urwald und Hunderten anderen singender Tierarten – eine Partnerin anzulocken.

Nicht jedem mag einleuchten, warum Biologen für die Jagd nach Grillengesängen ein paar Tausend Kilometer reisen und im Regenwald wochenlang auf lieb gewonnenen Komfort wie ein weiches Bett verzichten. Ich allerdings war vom ersten Moment an von diesem Vorhaben begeistert. In tropischen Regenwäldern schlummert nämlich ein biologischer Schatz, den zu bergen ich unbedingt mithelfen wollte. Bei den Grillen ist es ähnlich wie bei den Schaben und fast allen anderen Insektenordnungen und -familien: Die meisten Arten leben nicht bei uns in Europa oder im gemäßigt warmen Nordamerika, sondern in den feuchtheißen Tropen. Auf eine europäische Grillenart kommen Hunderte, wenn nicht sogar Tausende Arten in den tropischen Urwäldern Asiens, Afrikas, Mittel- und Südamerikas. Wie viele Tier- und Pflanzenarten aber insgesamt heute auf der Erde leben, weiß niemand genau.

Es war der US-amerikanische Insektenforscher Terry Erwin, der Anfang der 1980er-Jahre als Erster versuchte, diese Frage ganz systematisch zu beantworten[10]. Seine Methoden waren zugegebenermaßen drastisch. Der junge Tropenforscher arbeitete in den Regenwäldern Panamas. Immer wieder stand seine Arbeit vor einem Hindernis: Die meisten Insekten bevölkern in tropischen Wäldern die Kronen der Bäume. Forschung in den Baumwipfeln – in über 30 Metern über dem Waldboden – ist aber mühsam, teuer und gefährlich. Man muss die Urwaldriesen erklettern, sich vor Schlangen, Wespen und Ameisen in Acht nehmen und natürlich aufpassen, dass man nicht aus großer Höhe abstürzt.

Erwin spannte deshalb große Netze unter den Kronen tropischer Bäume. Dabei beschränkte er sich auf Exemplare einer einzigen Art, auf ein Malvengewächs mit dem wissenschaftlichen Namen *Luehea seemannii*. Erwins Ziel war es, möglichst alle Insekten zu erfassen, die in den *Luehea*-Kronen leben. Das ging aber nur mit einer äußerst brutalen Methode: Terry Erwin griff zur großen chemischen Keule. Er nebelte die *Luehea*-Bäume mit einem Insektizid ein. Danach wartete er, was alles aus dem Baum in seine Netze rieselte. *Fogging*, Einnebeln, nannte er seine Vorgehensweise.

Und obwohl *Luehea*-Bäume nur mittelgroß sind und auf den Ästen von Erwins Studienbäumen auch nur wenige weitere Pflanzen wie Bromelien, Lianen oder Orchideen wuchsen seine Ergebnisse waren überwältigend. Auf nur 19 *Luehea*-Bäumen fand Erwin über 1000 verschiedene Käferarten. Von dieser Artenfülle ausgehend, begann Erwin zu schätzen: Etwa 160 der Käferspezies, kalkulierte der junge Biologe, sind Nahrungsspezialisten und leben ausschließlich auf *Luehea seemannii*. Botaniker kennen aber ungefähr 50000 tropische Baumarten. Weil Erwin außerdem annahm, dass etwa 40 Prozent aller Gliedertiere – also Insekten und ihre direkten Verwandten – Käfer sind, rechnete er hoch und kam am Ende seiner Schätzungen auf eine schier unfassbare Zahl: Erwins Experiment legte den Schluss nah, dass in tropischen Regenwäldern an die 30 Millionen Arten von Gliedertierchen, also Insekten, Spinnen, Hundert- und Tausendfüßer und Krebstierchen leben. Etwa eine Million Insekten haben Biologen heute bereits entdeckt und als Arten beschrieben. Erwins Schätzung würde also bedeuten, dass circa 29 Millionen Gliedertierarten noch auf ihre Entdeckung durch die Wissenschaft warten.

Erwins Arbeiten elektrisierten die Tropenökologen, waren aber auch Grundlage heftig geführter Diskussionen. Lag der Biologe mit seiner Schätzung vielleicht zu hoch, waren es doch »nur« zwei, fünf oder zehn Millionen unentdeckte Insektenarten? Bis heute hat das niemand genau beantworten können. Sicher ist nur, dass die Artenvielfalt der Tropen geradezu gigantisch ist. Vor allem wenn man bedenkt, dass jedes Insekt wiederum Lebensraum für allerlei andere Lebewesen ist: Darmbakterien, parasitische Einzeller, Milben, Pilze und vieles mehr.

Was aber macht tropische Wälder überhaupt so artenreich? Das war, ausgelöst durch Terry Erwin, mit einem Mal die Frage aller Fragen sämtlicher Tropenbiologen. Und auch ich wollte helfen, sie zu beantworten. Mich, so war ich mir sicher, würde in Ecuador eine Fülle von neuen, noch unbeschriebenen Grillenarten erwarten – und mit jeder Art auch ein neuer Grillengesang. Die Hoffnung war, auf Arten mit ganz besonderem Zirpen und Anpassungen zu stoßen, von denen die Grillenforschung noch gar nichts ahnte.

Es ist erstaunlich, dass so viele Tierarten in den Regenwäldern miteinander leben. Sie müssen sich am Ende die Ressourcen ja irgendwie aufteilen, um die sie im großen Überlebenskampf konkurrieren. Singende Grillen haben dabei ein besonderes Problem: Wenn viele Männchen verschiedener Arten an ein und demselben Ort mit ihrem

Gesang ein Weibchen anlocken, muss irgendein Mechanismus sicherstellen, dass es dabei nicht zu einem großen Durcheinander kommt. Die Tiere müssen verhindern, dass Weibchen einer Art – vom Gesang einer anderen Art angelockt – zum falschen Männchen krabbeln. Oder wissenschaftlich ausgedrückt: Die verschiedenen Grillenarten teilen ihren Kommunikationskanal, den Schallraum, untereinander auf. Wie sie das schaffen, wollte ich herausfinden.

Natürlich waren es aber nicht im Entferntesten diese Fragen, die mich in meinem spartanischen Hotelzimmer wach hielten. Mich quälte eher der Gedanke, ob ich tatsächlich schaffen würde, was ich mir vorgenommen hatte. Was, wenn ich scheiterte? An der Arbeit in einem fremden Land, am extremen Klima und an Moskitoschwärmen, die ich mir ausmalte.

Am nächsten Tag würden wir in ein kleines Dorf aufbrechen, in das keine Straße führte, das nicht ans Stromnetz angeschlossen war und wo auch kein Mobiltelefon funktionierte. An einen Ort also, an dem ich, sollte mich das Heimweh überfallen, nicht schnell mal einen Freund anrufen und mich auf ein Bier verabreden konnte. Fließend Wasser allerdings würde es in dem Urwalddörfchen San Pablo de Kantesiya, meinem Zuhause für die kommenden Wochen, geben: in Form des mächtigen Tropenflusses Río Aguarico, der in den noch mächtigeren Río Napo mündet, der sich schließlich mit dem Río Amazonas vereinigt, dem gewaltigsten Strom der Erde.

KAPITEL ELF

Das Urwalldorf

Am nächsten Morgen charterten wir eines der vielen Pick-up-Taxis, die in Lago Agrio am Straßenrand auf Kundschaft warteten. Klaus und ich hievten unser Equipment, unser Gepäck und den Proviant für mehrere Wochen auf die Ladefläche. Dann holperte der Toyota klappernd aus der Stadt. Unser Fahrer nahm eine der wenigen Straßen, die damals von Lago Agrio ostwärts führten. Angesichts der Landschaft, die an uns vorbeirauschte, wechselte meine Laune von anfänglicher Euphorie über Enttäuschung hin zu Entsetzen. Über lange Strecken war kaum ein Baum zu sehen. Vom Regenwald, der hier früher einmal alles bedeckt haben musste, war nichts übrig geblieben. Stattdessen immer wieder einfache Holzhäuser, kleine Plantagen und Kuhweiden.

»Das ist alles Land der *Colonos*«, erklärte uns der Taxifahrer. *Colonos* werden in Ecuador Siedler genannt, die aus anderen Landesteilen in die Urwaldprovinzen kommen, um neues Weideland zu erschließen. Diese sogenannte *colonización* folgt den ersten Straßen. In der Urwaldprovinz Sucumbíos waren es Ölfirmen, die die ersten Schneisen durch den Wald geschlagen hatten. Von diesen Hauptrouten aus wächst ein Netz kleiner Nebenstraßen in das einst unberührte Bäumemeer hinein. Nach und nach kommen so immer mehr Siedler nach Amazonien – und der Regenwald schwindet Stück für Stück.

Nach einer Stunde Fahrt durch Farmland endete die Holperpiste direkt am Fluss, am Aguarico. Von jungfräulichem Urwald war immer noch nichts zu sehen. Dafür stand am Flussufer eine einfache Hütte. Der Holzbau entpuppte sich als kleines Lokal mit Billardtisch. Daneben gab es eine Reihe von Marktständen und ein Volleyballfeld, auf dem schwitzende Männer hitzig eine Partie austrugen. Wir waren in Poza Honda (»tiefe Pfütze«) angekommen, dem Flecken, an dem die Fahrt für uns endete.

Am Ufer des Aguarico hatten einige Flusstaxis festgemacht, mächtige, etwa zehn Meter lange Kanus, die aus einem einzigen Baumstamm geschlagen worden waren und von einem leistungsstarken Außenbordmotor angetrieben wurden. Poza Honda, das wurde mir klar, war die Schnittstelle zwischen unserer Zivilisation mit Straßen, Stromleitungen und Häusern und der Welt, die man nur zu Wasser über die großen Urwaldflüsse erreichen konnte. In Poza Honda wurde gehandelt, was es nur in einer der beiden Welten gab: An den Marktständen gingen Nudeln, Reis, Bier, Werkzeuge, Pfannen, Töpfe und Kosmetika über die Theke – und vieles mehr, was aus Ecuadors Hochland mit klapprigen Lkw hierhergebracht worden war. In den Riesenkanus saßen indigene Ecuadorianer[11], die frisch gefangene Flussfische und große Blöcke Tropenhölzer anboten.

»Klaus, *como estas*?«, rief jemand aus einem der Boote. Mein neuer Chef Klaus war nicht das erste Mal in Ecuadors *Oriente* unterwegs. Dass wir beide auf dem Weg nach San Pablo de Kantesiya waren, hatte sich in der Gegend bereits herumgesprochen. Renaldo, der Besitzer eines der Flusstaxis, erwartete uns breit grinsend. Schnell war der Pick-up entladen und unser Gepäck in Renaldos Boot verstaut. Nach einem Willkommensbier warf der etwa 50-jährige muskulöse Kerl seinen Außenborder an und steuerte das Kanu auf den Fluss. Der Motor beschleunigte das Einbaumtaxi auf ein erstaunliches Tempo. An den Seiten schäumte und spritzte das trübe Wasser des Flusses auf. Vorne am Bug wachte ein zweiter Mann darüber, dass uns kein im Strom treibender Ast in die Quere kam und die Schraube des Außenborders in Stücke schlug.

Die Fahrt auf dem Aguarico hatte kaum mehr als 20 Minuten gedauert, als sich die Landschaft schlagartig verwandelte: Hatten während der ersten Kilometer noch ausschließlich Kuhweiden und kleine Siedlungen den Fluss gesäumt, begleitete nun dichter Wald unsere Reise.

»Gerade haben wir die Grenze zum Territorium der *Siona-Secoya* überquert«, erklärte mir Klaus. »Das sind unsere Gastgeber in den kommenden Wochen.«

Der Wechsel der Landschaft war erstaunlich. Ich wurde immer gespannter auf das Urwalddorf und seine Bewohner. Was machte das nur wenige Hundert Menschen kleine Volk der *Siona-Secoya* anders als die *Colonos*, die Siedler aus den Andenprovinzen? Ich würde es noch herausfinden.

Endlich, eine Stunde und ein paar Dutzend Flusswindungen später, tat sich eine große Lichtung im Wald auf. Als wir uns dem Ufer näherten, erkannte ich auf Stelzen gebaute Holzhütten, daneben ein Schulgebäude, ein Fußballfeld und sogar eine kleine Kirche. Am Ufer warteten ungefähr 50 Menschen jeden Alters. Klaus wurde freundlich begrüßt, ich hingegen eher kritisch beäugt. Das ganze Dorf packte mit an und brachte unsere Sachen in eine leer stehende Hütte.

Auch unsere Behausung thronte auf Pfählen. Die Wände bestanden aus halbierten Bambusstämmen, und das Dach aus kunstvoll verflochtenen Palmblättern konnte sicher auch den stärksten zu erwartenden Tropengewittern trotzen. Für Klaus und mich gab es jeweils ein geräumiges Zimmer, außerdem eine riesige luftige Veranda, auf der ich meine Hängematte aufspannte. Klaus hatte unser Zuhause bei einem seiner vorherigen Aufenthalte mit Forschungsgeldern erbauen lassen. Ein paar Männer aus dem Dorf hatten Bretter, Pfähle und Balken zurechtgesägt und die wunderschöne Hütte hochgezogen. Weil sich in den Monaten vor Klaus' Rückkehr aber niemand um das kleine Anwesen gekümmert hatte, bestand die Gefahr, dass sich Termiten in dem Gebäude eingenistet hatten.

Wenn es darum geht, sein Dschungelzuhause vor bretter- und balkenfressenden Kerbtieren zu verteidigen, greifen auch Insektenforscher ausnahmsweise zu Insektiziden. Wir bespritzten jede Wand und jeden Winkel der Hütte mit dem Termitenkiller. Das scheuchte alle sechs- und achtbeinigen Mitbewohner auf. Aus jeder Ritze und jedem Spalt zwischen Holzdielen und Bambuswänden huschten Schaben jeder Größe. Aus dem Blättergeflecht des Daches krabbelte eine annähernd handtellergroße Vogelspinne. Obwohl mich das hinter mir liegende Schabenjahr ziemlich abgehärtet hatte, war ich mir sicher: Hier würde ich niemals ein Auge zubekommen.

Doch dann rollte ich meine Isomatte aus und spannte das erste Mal mein Moskitonetz im amazonischen Urwalddörfchen San Pablo de Kantesiya auf. Ein einfaches Moskitonetz kann in so einer Situation wahre Wunder wirken. Unter dem *mosquitero* fühlte ich mich schlagartig sicher und geborgen. Ich entspannte mich und lauschte dem Tierstimmenkonzert, das aus dem angrenzenden Wald zu uns herüberschallte. Ich hörte das Quaken von Fröschen und ein seltsames Kreischen. Und dann war da noch ein dunkles *Wuop Wuop Wuop*. Da draußen versuchte irgendwo eine riesige amazonische Aga-Kröte eine Partnerin zu betören.

Was mir aber besonders gefiel: Von meinem Nachtlager unter dem Moskitonetz hörte ich bereits verschiedenste Grillensongs. Ein helles *tick tick*, ein dumpferes lang gezogenes *crrrrrrrrrrrr* und ein *cri cri*, das dem Gesang der europäischen Feldgrille, Regens Telefon-Versuchstier, ähnelte. Aus der anderen Richtung, von San Pablos Fußballplatz, lärmte jedoch etwas, das absolut gar nichts mit einem angenehmen Grillengesang zu tun hatte.

Es war ein enervierender Dauerton, der an das Geräusch eines Rauchmelders erinnerte, der anschlägt, um die Bewohner einer Wohnung vor dem Flammentod zu retten. Zum Glück war der Fußballplatz weit genug entfernt. Direkt neben diesem Krachmacher wäre an Schlafen nicht zu denken gewesen. Welches Tier war für einen solchen Lärm verantwortlich? Etwa auch eine Grille?

Sicher war zumindest, dass ich mich am richtigen Ort befand. Ein Bioakustik-Doktorand, der ohne brauchbare Ergebnisse aus diesem Tierstimmenparadies, aus einer der artenreichsten Landschaften der Erde nach Deutschland zurückkehren würde, sollte sich besser schnell eine neue Profession suchen. Schon am nächsten Tag wollte ich mit der Arbeit beginnen. Das erste Rätsel, das ich mir zu lösen vornahm, lautete: Was für ein Tier war für den grauenhaften Krach verantwortlich, der vom Fußballplatz herüberschallte?

KAPITEL ZWÖLF

Grillenqual

Ein Hoch auf den technischen Fortschritt! Während Johann Regen im Jahr 1913 noch mit selbst gebauten Mikrofonen und Telefonapparaten experimentierte, um die Phonotaxis der Feldgrillenweibchen zu beweisen, musste ich nur Batterien und eine Kassette in meinen tragbaren DAT-Recorder einlegen, ein Richtmikrofon und einen Kopfhörer anschließen, und schon konnte meine Grillenjagd starten. Mir war klar, dass ein erwachsener Mann, der ausgestattet wie ein Abhörexperte der Stasi den dörflichen Sportplatz absucht, für die Einwohner San Pablos ein etwas sonderliches Bild abgab. Doch so sind wir halt, wir Insektenlover.

Ich musste an eine Studentin aus meinem Semester denken und daran, was sie mir von einer Uni-Exkursion nach Südfrankreich erzählt hatte: Eine Station der Reise war der Badeort Saintes-Maries-de-la-Mer in der Camargue. Obwohl die Sonne brannte, wurde den Studenten von ihren Professoren kein Bad im warmen Mittelmeer gegönnt. Stattdessen sollten sie die Insektenfauna des Strands und der Dünen erkunden.

»Frank, ich habe mich selten so geschämt«, erzählte die Freundin von diesem Exkursionstag. »Wir mussten komplett bekleidet, mit Keschern und Sammeldöschen in den Händen zwischen den Badegästen herumspringen und Käfern, Fliegen und Ameisen hinterherrennen – an einem Nacktbadestrand!«

Ganz so skurril war mein Auftritt in San Pablo de Kantesiya zum Glück nicht.

Der Fußballplatz war ein gutes erstes Übungsgebiet, bevor ich mich in den Urwald wagen wollte. Ich richtete also mein Mikrofon auf das seltsame Geräusch am Rand des Spielfeldes und bewegte mich langsam auf die Schallquelle zu. Der Dauerton wurde zunehmend lauter, sodass ich den Aufnahmepegel immer weiter absenken musste, damit der digitale Rekorder nicht übersteuerte. *Biiiiiiiiiiiiiiiiiiiiiiiiiiiiiiiiiiiiiiiiiiiiiiiiiiiiiiiiiiiiii-iiiiiiiiiiiiiiiiiiiiiiiiiiiiiiiiiiiiiiiiiiiiiiiiiiiiiiiiiiiiiii-iiiiiiiiiiiiiiiiiiiiiiiiii!* Immer näher kam ich dem eigenartigen Sänger.

Man erlaube mir einen Zeitsprung und Ortswechsel: Es war ein kleines Wunder und ein Stück politisches Tauwetter: Im August des Jahres 2015 – also während der Präsidentschaft Barack Obamas – fanden die Feierlichkeiten zur Wiedereröffnung der amerikanischen Botschaft in Havanna auf Kuba statt. Nach über 50 Jahren Eiszeit gab es endlich wieder eine Annäherung zwischen den beiden Ländern. US-Diplomaten zogen von Washington auf die Karibikinsel und richteten sich in der Hauptstadt des Inselstaates in Wohnungen und Hotelzimmern ein. Alle glaubten an eine goldene US-amerikanisch-kubanische Zukunft.

Doch schon Ende 2016 folgte ein herber Rückschlag. Einige US-Diplomaten in Havanna klagten über gesundheitliche Probleme. Sie litten an Tinnitus, Konzentrationsstörungen und Schwindelanfällen. Die Botschaftsangehörigen berichteten von schrillen, den Schlaf raubenden Geräuschen in den Hotelzimmern, in denen sie untergebracht waren.

Die Reaktion der US-Regierung – inzwischen unter der Führung von Donald Trump – ließ nicht lange auf sich warten. Die US-Administration verdächtigte die kubanische Seite, perfide Waffen gegen ihre Diplomaten einzusetzen. Der Vorwurf der »akustischen Kriegsführung« stand im Raum. Journalisten in aller Welt befragten Experten, ob ein solcher Angriff eine mögliche Erklärung für die plötzlichen Gesundheitsprobleme des Botschaftspersonals sein könnte, was für Waffensysteme auf dem Markt seien und welche Wirkung auf potenzielle Opfer sie haben könnten. Nutzen die Sozialisten von der Karibikinsel vielleicht ein *Long Range Acoustic Device (LRAD)*? Es handelt sich dabei um einen leistungsstarken Lautsprecher, der wie eine Kanone extrem laute Geräusche gezielt auf Menschen »abfeuert«. Solche Akustikkanonen werden beispielsweise auf Frachtern eingesetzt, um Piraten vom Kapern der Schiffe abzuhalten.

Aber ohrenbetäubende Schallkanonen mitten in Havanna? Die pulsierende Metropole ist sicher nicht gerade das ruhigste Fleckchen Erde, so eine Dauerattacke auf Hotelgäste sollte allerdings rasch auffliegen. Kamen also eher Schallangriffe in nicht hörbaren Frequenzbereichen infrage? War vielleicht Infraschall, waren also extrem tiefe Geräusche der Auslöser der Beschwerden? Andere Experten spekulierten, dass das US-Personal mit besonders hohen Tönen, mit Ultraschall, oder sogar mit Mikrowellen belästigt wurde.

Die Frage aber, die sich nur erstaunlich wenige Fachleute stellten, war: Warum sollten die Kubaner ihren

Gästen überhaupt schaden wollen? Welchen politischen Vorteil könnten sie daraus ziehen, US-Amerikaner gezielt mit Krach krank zu machen? Aber bösen karibischen Inselsozialisten war ja einfach alles zuzutrauen. Die USA reagierten und reduzierten ihr Botschaftspersonal – aus »Sicherheitsbedenken«, wie es hieß.

Doch dann kam Bewegung in die Staatsaffäre. Ein lärmgeplagter Mitarbeiter der US-Botschaft hatte die Geräusche aufgenommen, die ihm den Schlaf raubten. Die Nachrichtenagentur *Associated Press* veröffentlichte eine dieser Aufnahmen auf ihrem YouTube-Kanal[12]. Ich bin mir sicher: Jeder, der einmal in dieses Tondokument reingehört hat, kann das Leid der US-Botschaftsangehörigen nachfühlen.

Aber lassen Sie uns noch einmal 20 Jahre zurückspulen. Damals pirschte ich, ausgerüstet mit einem DAT-Recorder, Richtmikrofon und Kopfhörern, weiter über das Fußballfeld der kleinen Urwaldgemeinde San Pablo de Kantesiya. Das Kreischen, dem ich nachspürte, wurde immer lauter, doch plötzlich erstarb es schlagartig. Das war ein gutes Zeichen. Höchstwahrscheinlich war ich einem Tier, vermutlich einer Grille, auf der Spur. Ein Insekt, das mit lauten Geräuschen um ein Weibchen wirbt, muss damit rechnen, auch andere Tiere – insektenfressende Vögel oder Säugetiere – anzulocken, die sich eine kleine Mahlzeit einverleiben wollen. Deshalb haben Grillen ähnlich wie die relativ nah mit ihnen verwandten Schaben empfindliche Sinnesorgane entwickelt, die kleinste Vibrationen des Bodens wahrnehmen und die Insekten in Alarmbereitschaft versetzen. Diese sogenannten Mechanorezeptoren sitzen in den Beingelenken der Insekten. Das singende oder besser schreiende Tier auf dem Fußballfeld musste mich also bemerkt haben. Ich blieb stehen, vermied jede weitere Bewegung und wartete. Ich weiß nicht, ob mich einer der Dörfler dabei beobachtete, wie ich regungslos und in gekrümmter Haltung wie ein Reiher auf Fischfang mitten auf dem Sportplatz verharrte. Doch das war mir egal, mein Jagdtrieb wuchs von Minute zu Minute.

Die Schallaufnahme, die *Associated Press* bei YouTube veröffentlicht hatte, wurde weltweit nach und nach von Tausenden Menschen abgerufen und angehört. In der Kommentarfunktion warnten manche User davor, in die Aufnahme reinzuhören. *»You will die«*, du wirst sterben, prophezeite einer von ihnen allzu neugierigen Internetnutzern. Ein anderer empfahl den YouTube-Track allen, die einmal spüren wollen, wie schlimm sich ein Tinnitus anfühlt. Und wieder ein anderer scherzte, dass es sich bei dem zu hörenden Sound wohl um das neueste Werk des Techno-DJs Aphex Twin handele.

Die YouTube-Veröffentlichung hatte sich auch ein internationales Team von Biologen angehört. Die Forscher um den Amphibienspezialisten Alexander L. Stubbs von der University of California hatten die Berichte über den Botschaftskonflikt verfolgt. Die Berichte einiger Opfer der Schallattacken hatten sie stutzig gemacht. Der ohrenbetäubende Krach habe, so schilderten die Diplomaten, meist schlagartig eine Pause eingelegt, wenn sie in ihrer Wohnung oder ihrem Hotelzimmer auf und ab gingen oder eine Zimmertür öffneten. Für die Biologen deutete einiges darauf hin, dass nicht Schallkanonen, sondern Tiere der Verursacher der nervtötenden Ruhestörungen sein könnten. Sie fütterten eine Schallanalyse-Software mit der YouTube-Aufnahme. Ein solches Programm verwandelt Tonaufnahmen in grafische Darstellungen, sogenannte Sonagramme.

Die Wissenschaftler erkannten: Was sich wie ein Dauerton anhört, ist in Wirklichkeit eine Reihe rasend schnell aufeinanderfolgender Schallpulse. Für das menschliche Ohr verschmelzen diese Einzelpulse zu einem Dauerton, ähnlich wie die Einzelbilder eines Kinofilmes, die dem Kinobesucher flüssige Bewegungen vorgaukeln. Die Forscher analysierten die Tonhöhe des Geräuschs und die Geschwindigkeit, mit der die Schallpulse aufeinanderfolgten, und grenzten so den Kreis der möglichen Verdächtigen immer weiter ein. Am Ende deutete ihre Analyse auf einen wenige Zentimeter langen Zwerg hin: auf die karibische Kurzschwanzgrille *Anurogryllus celerinictus*. Die YouTube-Aufnahme aus Havanna ähnelte stark einer Aufnahme des Lockgesangs dieser Art aus dem Tierstimmenarchiv der Forscher. Doch die Bioakustiker wollten sich hundertprozentig sicher sein, bevor sie ihre Theorie publizierten. Es kommt schließlich nicht oft vor, dass Tierstimmenexperten in einem internationalen Politthriller eine Rolle spielen. Die Schallanalyse des Havanna-Sounds deutete zwar stark auf *Anurogryllus*, doch es gab auch Unterschiede zur Archivaufnahme der Forscher. Ihre Grillenaufnahme stammte aber auch nicht aus einem kubanischen Hotelzimmer, sondern aus dem Freiland. Stubbs und sein Team spielten deshalb ihre *Anurogryllus celerinictus*-Archivaufnahme in einem geschlossenen Raum ab, nahmen sie dabei erneut auf und wiederholten ihre Schallanalyse dann mit der Aufnahme von der Aufnahme. Jetzt waren sie sich sicher. Auf der Veröffentlichung von

Associated Press war *Anurogryllus celerinictus* zu hören, leicht verfremdet durch das Echo, das von den Wänden des Hotelzimmers zurückschallte.

Alexander L. Stubbs und sein Team stellten ihre Ergebnisse auf einer Tagung der *Society for Integrative and Comparative Biology* vor[13]. Die Biologen betonten in ihrer Veröffentlichung, dass sie einzig etwas zur Herkunft der einen, im Internet veröffentlichten Aufnahme sagen könnten. Natürlich sei nicht auszuschließen, dass es auch noch andere Attacken auf US-Amerikaner in Kuba gegeben haben mag. In meinen Augen aber haben Alexander L. Stubbs und sein Team die bislang überzeugendste Theorie zum Auslöser der »Schallwaffen«-Affäre auf Kuba geliefert. Nicht brachiale Schallkanonen, sondern eine kleine, aber laute Grille hatte die Diplomaten aus den Vereinigten Staaten krank gemacht.

Meine eigene Sportplatz-Tierstimmenjagd war am Ende ebenfalls erfolgreich. Nachdem ich ein paar Minuten regungslos ausgeharrt hatte, begann der Dauerton von Neuem, und zwar direkt neben mir. Inzwischen war die Sonne untergegangen und das kleine Tropendorf in Dunkelheit gehüllt. Zentimeter um Zentimeter beugte ich mich in Richtung der Schallquelle, dann erst schaltete ich meine Taschenlampe an. In einer kleinen konkaven Mulde saß eine Kurzschwanzgrille. Die Tiere graben solche Vertiefungen, um den Schall zu bündeln und damit zu verstärken. Vor mir kauerte zwar nicht *Anurogryllus celerinictus*, die die US-Diplomaten in Havanna mürbe gemacht hatte, aber eine nahe Verwandte aus derselben Gattung. Ihr Gesang war ähnlich schrill wie derjenige der karibischen Schwesterart.

Wer das erste Mal aus Washington oder sonst wo aus den USA in die Tropen kommt – mit ein wenig Angst vor unberechenbaren kubanischen Sozialisten im Gepäck –, kann schon mal von einer singenden Grille in den Wahnsinn getrieben werden.

Hier können Sie meine eigenen Aufnahmen von *Anurogryllus* hören:

oder: www.ludwig-verlag.de/fiese-tiere

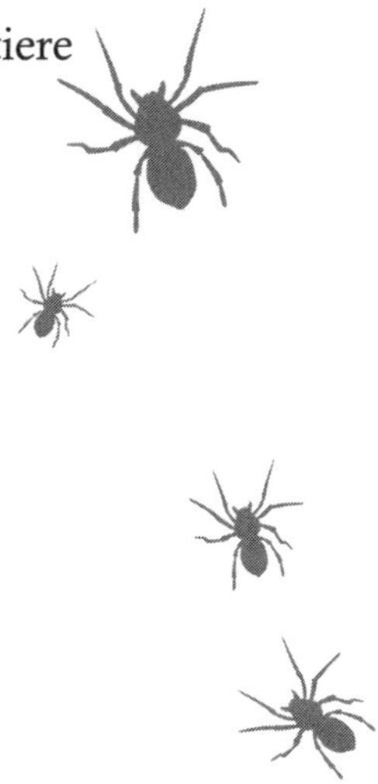

KAPITEL DREIZEHN

Opernhaus Tropenwald

Nicht jede Grillenart singt so schrill wie *Anurogryllus*. Im Gegenteil. Ein Freund, der sein Geld als Gesangslehrer verdient, sagte mir einmal: »Das menschliche Ohr WILL die Grille hören. Ich sage meinen Schülern immer: ›Gib sie mir, gib mir die Grille!‹«

Was er damit meinte, war wohl, dass es nur wenige Tierstimmen gibt, die bei uns Menschen ähnlich angenehme Gefühle hervorrufen wie das Werben eines Grillenmännchens. Der sicherste Beweis dafür kommt aus der Welt der Spielfilme. Wie oft schon haben Tontechniker eine sich anbahnende Liebesszene mit Grillengezirp untermalt – ganz egal ob im Film gerade noch Winter war oder man sich an Orten befand, an denen man niemals eine Grille singen hören würde. Grillenzirpen lässt uns unweigerlich an Urlaub am Mittelmeer denken – und an romantische Abende mit oder ohne Rotwein. Sie sind der verträumte Sommer-Soundtrack von Mutter Natur.

Dabei unterscheidet eine Grille eigentlich gar nicht so viel von der Hausschabe *Blattella germanica*, die niemals romantische Gefühle in uns rühren würde. Die meisten Schaben und Grillen ernähren und verhalten sich sehr ähnlich: Sie fressen allerlei Pflanzenreste, führen ein gut getarntes Leben im Verborgenen und fliehen lieber vor

Fressfeinden, als selbst zum Angriff überzugehen. Bei Schaben allerdings schüttelt es die meisten Menschen, während Grillen uns mit ihren schönen Tönen hypnotisieren – abgesehen von *Anurogryllus* natürlich.

Nachdem ich das Geheimnis des lärmenden Fußballplatzes gelüftet hatte, stand nun das echte Urwaldabenteuer bevor. Mein Kollege Klaus und ich bezahlten Helfer aus dem Dorf, die uns durch ihren Wald führten. Nach ein paar Tagen wusste ich, wo die Trampelpfade waren, die unsere Nachbarn nutzten, wenn sie selbst in den Wald gingen. Ich prägte mir die wichtigsten Abzweigungen ein und unternahm zunehmend längere Exkursionen, die mich immer tiefer in den Tropenwald führten.

Nach einer Woche fühlte ich mich so sicher, dass ich mir einen geeigneten Ort für meine erste Messstation suchen konnte. Ich fand eine kleine Lichtung, die ein altersschwacher Baum geschlagen hatte, der einem der vielen tropischen Gewitterstürme zum Opfer gefallen war. Der dicke Baumstamm diente mir als Sitzgelegenheit und Tisch für mein Equipment. An diesem Ort wollte ich einen ganzen Tag und eine Nacht verbringen. Ich wollte zu jeder vollen Stunde ein paar Minuten des Tierstimmenkonzerts aufnehmen, um einschätzen zu können, wann welche Tiere aktiv werden.

Meine erste Nacht mitten im Urwald stand bevor. Ich war nervös, weil ich nicht wusste, wie riskant mein Vorhaben war. Ich ging alle vermeintlichen Gefahren in Gedanken durch: Von einem Jaguar überfallen und gefressen werden? Nein, die Raubkatzen sind zu scheu und auch viel zu selten. Stiche von Spinnen und Skorpionen? Auch nicht wirklich bedrohlich, besonders wenn man feste Schuhe trägt. Giftschlangen? Das war leider ein Thema, über das ich mir wirklich Sorgen machen musste.

Besonders Respekt einflößend für jeden, der bei Nacht durch einen südamerikanischen Urwald spaziert, sind amerikanische Lanzenottern. Diese relativ großen Reptilien verlassen ihre Verstecke, wenn es dunkel wird, und suchen den Waldboden nach kleinen Säugetieren ab. Leider sind sie ausgezeichnet getarnt, sehr giftig und beißen zu, wenn man sie übersieht und ihnen zu nahe kommt. Andererseits werden Giftschlangen in Ecuador immer seltener, weil die meisten Menschen – unsere Gastgeber vom Volk der *Siona-Secoya* eingeschlossen – die schlanken Räuber totschlagen, wenn sie ihnen über den Weg kriechen.

Die größte Gefahr im Regenwald geht aber überraschenderweise gar nicht von Tieren, sondern von Pflanzen aus: Ein Baum ist hier nicht nur ein Baum, er ist vielmehr Lebensraum für Hunderte weiterer Pflanzen. An seinen Stämmen sprießen Moosteppiche, und Kletterpflanzen ranken wie Efeu an ihnen empor in Richtung Sonnenlicht. Auf den dicken horizontalen Ästen der Urwaldriesen gedeihen und vergehen immer neue Generationen von Orchideen, Bromelien und anderen Aufsitzerpflanzen, auch Epiphyten genannt. So bildet sich in über 20 Metern Höhe auf manchen der Äste eine dicke Humusschicht, in der immer neue Pflanzensamen keimen, die vom Wind, von Vögeln, Ameisen und Fledermäusen dorthin getragen werden. Die Last, die der Ast stemmen muss, nimmt somit immer weiter zu. Am Ende reicht ein kräftiger Schauer. Wenn der kleine hängende Garten sich mit Regenwasser vollsaugt, hält auch der stärkste Ast das Gewicht nicht mehr. Er bricht und kracht in Richtung Waldboden. Ein solches Geschoss aus Ast, Humus und Epiphyten kann ein paar Hundert Kilo wiegen. Genug, um jeder Doktorarbeit ein plötzliches Ende zu bereiten.

Etwa eine Stunde vor Sonnenuntergang hatte ich mich fertig in der kleinen Lichtung installiert. Ich lehnte mich zurück und lauschte der Sinfonie, die Tag für Tag und Nacht für Nacht im großen Opernhaus Regenwald aufgeführt wird.

Und damit ist es an der Zeit, das Dschungelorchester vorzustellen: Die Stunde vor der Dämmerung ist der Moment der Zikadenchöre. Zikaden sind relativ große Insekten, die sich an Stämmen und Ästen der Bäume festkrallen. Mit ihren zu Rüsseln geformten Mundwerkzeugen saugen sie zuckerhaltige Pflanzensäfte aus den Leitungsbahnen der Bäume. Wie bei den Grillen sind es auch bei den Zikaden die Männchen, die mit ihren Gesängen Weibchen anlocken. An den Seiten ihres Körpers sitzt ein sogenanntes Trommelorgan, mit dem die Tiere ihr charakteristisches Schnarren erzeugen. Das Trommelorgan besteht aus einer Membran, die wie das Fell einer Pauke unter Spannung steht. Vom Körperinneren ausgehend setzen Muskeln an dieser Membran an, die sich rasend schnell zusammenziehen und wieder entspannen können. So versetzen sie die Membran in Vibration, und das Zikadenschnarren ertönt. Die Ähnlichkeit ihres Trommelorgans mit einem Schlaginstrument macht Zikaden zu den Drummern des riesigen Tropenorchesters. Die Männchen produzieren ihre lauten Geräusche den ganzen Tag über, besonders intensiv aber dann, wenn die Strahlen der Sonne durch eine Wolkenlücke dringen.

In der Zeit vor Sonnenuntergang synchronisieren viele Arten ihre Gesänge wie ein sinfonischer Chor in Guiseppe Verdis »Nabucco« oder der »Ode an die Freude« in Beethovens Neunter Symphonie.

Im Dschungelorchester gibt es noch weitere Perkussionisten. Spechte hämmern wie mit einem Meißel Löcher in abgestorbene Baumstämme. So suchen sie nach Insektenlarven, die sich vom toten Holz ernähren, und auf die Art zimmern sie auch ihre Bruthöhlen. Die Trommelwirbel der Spechte dienen aber auch der Kommunikation. Jede Art hämmert ihr ganz eigenes Signal. Um die zwanzig Mal pro Sekunde rammen Spechte ihre Schnäbel gegen härtestes Holz. In der Balzzeit summiert sich das auf Tausende Schläge an einem einzigen Tag. Die Vögel trommeln mit solcher Kraft, dass ihr Schlagen noch Hunderte Meter weit zu hören ist. Starke Schnabelmuskeln, die wie Stoßdämpfer die Wucht der Stöße abfedern, verhindern, dass liebestolle Spechte am Abend mit einer Gehirnerschütterung bewusstlos von den Bäumen fallen.

Andere Vögel übernehmen die Soloparts – die Arien – in der Dschungeloper. Singvögel erzeugen ihre Lieder ähnlich wie menschliche Sänger. Beim Ausatmen versetzen sie Membranen in Schwingung – so wie einst Maria Callas ihre Stimmbänder. Nur liegen diese Membranen bei den gefiederten Sängern nicht im Kehl-, sondern im sogenannten Stimmkopf in der Nähe der Bronchien. Besonders am frühen Morgen schmettern die Vögel ihre Soli, Duette und Terzette. Manche Arten beginnen schon mit dem ersten kaum wahrnehmbaren Lichtstreif am Horizont, dann kommen immer mehr gefiederte Solisten hinzu. Bis die Sonne aufgegangen ist, zwitschern, trillern und pfeifen alle durcheinander wie Marcellina, Figaro, Susanna, der Graf und die Gräfin in Mozarts »Figaros Hochzeit«.

In der Nacht hört man bis auf das *Buhuuuh* von Eulen nur noch wenige Vögel. Sobald aber der Vollmond am Himmel steht, kann sich das ändern. Gleich meine erste Urwaldnacht war eine helle Vollmondnacht. Pünktlich zum Sonnenuntergang erhob sich das helle Rund des Erdtrabanten aus dem Bäumemeer und erklomm den Nachthimmel. Das Mondlicht half mir, mich ein wenig zu entspannen. Es war nicht so stockfinster, wie ich befürchtet hatte. Gerade waren alle meine Ängste vor herabstürzenden Ästen und Grubenottern in den Hintergrund gerückt, da erklang direkt über mir aus einer Baumkrone ein todtrauriger und gleichzeitig furchterregender Seufzer: *Wuhu huuuu huu hu hu hu hu!*

Das Klagen klang so menschlich, dass sich mir erst die Nackenhaare aufstellten und ich dann an einen Scherz glauben wollte, den mir irgendein lustiger Dorfbewohner spielte. Alle paar Minuten wiederholte sich der herzzerreißende Klagegesang.

Wuhu huuuu huu hu hu hu hu!

Das war keine beschwingte Mozartoper, sondern mutete eher an, als hätten Muddy Waters oder B.B. King den *Blues*. Ein paar Tage später summte ich unserem Nachbarn Renaldo vor, was mir des Nachts den Schreck in alle Glieder hatte fahren lassen:

»*Wuhu huuuu huu hu hu hu hu.*«

»Ah, das ist ein Vogel, wir *Siona-Secoya* nennen ihn *Paú*«, erklärte er mir. Ich hatte meine Messstation genau unter einem Baum installiert, in dem ein Großer Potoo, ein armlanger Vogel aus der Familie der Tagschläfer, den

Vollmond anheulte. Potoos verbringen die hellen Stunden des Tages komplett regungslos auf einem Ast sitzend. Ihre Tarnung ist so perfekt, dass man Hunderte Male an einem solchen Tagschläfer vorbeigehen kann, ohne ihn zu bemerken. Die schaurigen Klagelieder der Tagschläfer haben ihnen bei Vogelkundlern auch den Spitznamen *poor-me-ones* (»Arme-Ichs«) eingebracht.

So klingt der Große Potoo:

oder: www.ludwig-verlag.de/fiese-tiere

In Südamerika ranken sich viele traurig-schaurige Geschichten um die heulenden Nachtvögel. Mit einer davon konnte Renaldo aufwarten:

»Vor langer Zeit«, so begann seine kleine Sage, *»lebte eine Familie – Mutter, Vater, Tochter und Sohn – in einer kleinen Hütte mitten im Wald. Zu dieser Zeit gab es den Mond noch nicht, sodass die Nächte stockdunkel waren. Wie in jeder Nacht schliefen alle vier friedlich in ihren Hängematten. Doch dann wurde das Mädchen geweckt. Ein Mann drängte sich zu ihr und na ja, du weißt schon …«*

Die *Siona-Secoya* sind mit sexuellen Anspielungen zumeist sehr zurückhaltend.

»Die Besuche wiederholten sich Nacht um Nacht, bis es der jungen Frau zu bunt wurde. Sie wollte wissen, wer sie jede Nacht belästigte. Also zerstampfte sie tagsüber die roten Früchte eines Baumes und rührte eine Schale voller Farbe an. Die Schüssel mit der roten Schminke stellte sie auf den Boden unter ihrer Hängematte. In der folgenden Nacht nahm das Drama seinen Lauf. Ihr ›Besucher‹ legte sich wieder zu ihr, sie griff rasch in

ihre Schüssel und strich dem unbekannten Mann durchs Gesicht. Am nächsten Morgen offenbarten die Streifen auf seinen Wangen, dass es der Bruder war, der das Mädchen jede Nacht heimsuchte. Dieser Inzest musste bestraft werden. Die Geschwister wurden getrennt, der Junge wurde in einen Vogel verwandelt und an einen Baumstamm gebunden. Das Mädchen aber wurde verbannt, weit weg, hoch an den Nachthimmel – sie wurde zum Mond. Immer wenn ihr zum Potoo verwandelter Bruder den Vollmond nun am Himmel sieht, überkommen ihn Schuldgefühle und Wehmut und er muss laut weinen. Darum seufzt der Potoo so traurig. Wuhu huuuu huu hu hu hu hu!«

Andere Tiere sind für weniger tragische Gesangsrollen zuständig. An manchen Morgen wird man im südamerikanischen Urwald von lautem Bellen aus dem Schlaf gerissen. Gruppen roter Brüllaffen stecken dann mit ihrem Geheule ihr Revier gegenüber Artgenossen ab. »Nicht näher kommen, hier fressen schon wir«, lautet ihre Botschaft. Das Gebrüll der Affen lässt dabei nicht an eine zärtliche Opernarie denken, vielmehr erinnert es an die Schlachtrufe alkoholisierter Schalke- oder Bayernfans. Als pure Machtdemonstration hat das Affengebrüll dabei ja auch eine ähnliche Funktion.

Doch zurück zu den lieblicheren Instrumentalisten in der Dschungelphilharmonie: Nach Einbruch der Dunkelheit haben Frösche und Kröten ihren Auftritt. Ecuador ist ein wahres Amphibienparadies. Nur in Brasilien und Kolumbien haben Biologen mehr Froscharten nachgewiesen als im wesentlich kleineren Ecuador. Über 600 Frosch- und Molchspezies hüpfen und krabbeln durch die Regenwälder des Landes. Darunter sind hochgiftige Pfeilgiftfrösche, die ihr todbringendes Toxin wahrscheinlich mit ihrer Nahrung aufnehmen, farbenprächtige Laubfrösche und mehrere Kilo schwere Riesenkröten. Entsprechend vielfältig sind die Beiträge der Amphibien zum Dschungelkonzert. Vom Bariton der Riesenkröten bis zu hellen Geräuschen von Baum- und Blattsteigern, die am ehesten an einen tropfenden Wasserhahn erinnern, ist alles vertreten.

Nicht vergessen darf man natürlich auch die Experimentalmusiker im Urwald, die Fledermäuse. Ihren Part hören wir Menschen mit unseren Ohren manchmal nur als ein sehr helles *zick zick*. Die meisten Lautäußerungen der geflügelten Säugetiere liegen im für uns nicht hörbaren Ultraschallbereich. Fledermäuse nutzen den Ultraschall zur Orientierung wie ein Echolot. Zahlreiche insektenfressende Fledermausarten orten so ihre Beute – fliegende, nachtaktive Schmetterlinge. Doch nicht alle Motten sind den Flugjägern der Nacht schutzlos ausgeliefert. Viele Nachtfalter hören exzellent – auch im Ultraschallbereich. Geraten sie ins Visier einer Fledermaus, lassen sie sich fallen, um dem Angriff zu entgehen. Afrikanische Kohlbaum-Kaisermotten machen sich wie ein Tarnkappenbomber »unsichtbar« für das Sonarsystem der Fledermäuse. Die Schuppen auf ihren Flügeln haben eine extrem unebene Oberfläche und sind an vielen Stellen sogar durchlöchert. Britische Wissenschaftler[14] fanden heraus, dass diese Schuppen den Ortungsschall der Fledermäuse regelrecht absorbieren. Andere Motten aus der Familie der Bärenspinner irritieren jagende Fledermäuse ganz direkt. Sie senden selbst Ultraschall aus, der wie ein Störsignal ihre Feinde so verwirrt, dass sie die Jagd auf den schreienden Nachtfalter aufgeben.

Bleiben noch die Grillen. Welchen Part übernehmen sie? Die Antwort ist einfach: Sie sind die Streicher im Orchester. Die kleinen Insekten erzeugen Töne mit dem vorderen ihrer beiden Flügelpaare, den sogenannten Deckflügeln. Einer der Flügel streicht so über den anderen, dass hauchdünne Membranen auf den beiden Deckflügeln zu vibrieren beginnen – so wie die Saiten einer Violine vom Geiger mit seinem Bogen in Schwingung versetzt werden. Und es gibt noch weitere Gemeinsamkeiten zwischen einem Streichinstrument und einem singenden Grillenmännchen: Eine der vielen Flügeladern auf der Unterseite der Deckflügel ist wesentlich dicker als die übrigen. Auf dieser Ader sitzen kleine Zähnchen. Sie sind so winzig, dass man sie nur unter einem Mikroskop erkennt. Diese Schrillleiste genannte Ader entspricht dem Geigenbogen des Musikers. Die Grille schiebt sie an einer verdickten Kante des anderen Flügels entlang. Die Zähnchen der Schrillleiste rasten dabei ein und wieder aus und versetzen das ganze System in Schwingung.

Doch damit nicht genug. Wie die Saiten der Geige sind die Flügelmembranen auf einen arteigenen Ton »gestimmt«. Sie schwingen immer mit annähernd derselben Frequenz, der sogenannten Trägerfrequenz. Die Flügel strahlen einen sehr reinen Klang ab, bestehend aus der Trägerfrequenz und deren harmonischen Obertönen[15].

Weil ihre Flügel so perfekt gestimmt sind, hören sich Grillen so lieblich an. Dafür ist ihr Schallapparat – ihr »Instrument« – allerdings nicht so variabel wie eine Violine mit ihren vier Saiten. Das System aus Membranen und Schrillleiste ist so auf die Trägerfrequenz getunt, dass die Grille eigentlich nur diesen einen Ton erzeugen kann – den dafür aber umso lauter. Der Vorteil eines so abgestimmten Systems ist für die Grille, dass sie mit ihren recht kleinen Flügeln und ihrer winzigen Muskulatur erstaunlich laute Lockgesänge produzieren kann. Diese Fähigkeit wurde wohl auch den bereits erwähnten US-amerikanischen Diplomaten auf Kuba zum Verhängnis.

Praktischerweise sind die Ohren der Weibchen ähnlich spezialisiert wie die Flügel der Grillenmännchen. Sie harmonieren perfekt mit der Trägerfrequenz des Gesangs und lassen so eine Grille den arteigenen Gesang am besten wahrnehmen.

Damit aber ein Weibchen ein singendes Männchen auch findet, reicht es nicht, dass es den zirpenden Artgenossen besonders gut hört. Es muss auch erkennen, aus welcher Richtung der potenzielle Partner lockt. Wie wir Menschen haben auch Grillen deshalb nicht nur ein, sondern zwei Ohren – allerdings nicht wie wir an den beiden Kopfseiten. Grillen hören mit ihren Beinen. In den Unterschenkeln ihrer Vorderbeine sitzen die beiden Grillenohren, die sogenannten Tympanalorgane. Diese exponierte Lage mag auf den ersten Blick seltsam erscheinen, ist aber durchaus sinnvoll. So sind die beiden Hörorgane möglichst weit voneinander entfernt, was das Richtungshören verbessert. Wenn ein Grillenmännchen seitlich versetzt zu einem Weibchen singt, erreicht der Gesang das Vorderbein auf dieser Seite um den Bruchteil einer Millisekunde früher als das weiter entfernte Bein. Entsprechend zeitversetzt melden die beiden Tympanalorgane das Ereignis an das Grillengehirn. Vom Gehirn werden nun Signale an den Laufapparat des Tiers gesendet. Wie ein Miniroboter wendet sich die Grille in Richtung des singenden Männchens und läuft los. (Außer das Grillenweibchen ist gerade Versuchstier in einem Verhaltensexperiment von Johann Regen. Dann wird ein Telefonhörer das Ziel seiner Phonotaxis.)

Doch zurück zum singenden Männchen und seinen perfekt gestimmten Deckflügeln. Es gibt etwas, das diesen Schallapparat von Violine und Geigenbogen unterscheidet: Während der Musiker seinen Bogen auf der Saite hin und her streichen kann, muss das singende Grillenmännchen seine Schrillleiste nach jedem Schallpuls aushaken, zurückführen und erneut einhaken. Erst dann streicht die Schrillleiste wieder über die Kante des unteren Flügels, und erst dann kann auch der nächste Schallpuls entstehen. Das erfolgt aber mit so hoher Geschwindigkeit, dass das menschliche Ohr getäuscht wird. Jedes *crrri* des *crrri, crrri, criii* einer Feldgrille besteht aus vier bis fünf Einzeltönen, also auch aus ebenso vielen Flügelstrichen des Männchens. Der vermeintliche Dauerton der »kubanischen Foltergrille« *Anurogryllus* ist in Wahrheit eine Serie von Hunderten bis Tausenden Schallpulsen.

Die Geschwindigkeit, mit der solche Pulse aufeinanderfolgen, die sogenannte Pulsrate, ist innerhalb einer Art relativ konstant. Gleiches gilt für die charakteristischen Pausen zwischen den Serien von Einzelpulsen. Auch sie sind bei allen singenden Grillenmännchen einer Art sehr ähnlich, was die Vermutung nahelegt, dass die Weibchen den Ruf »ihrer« Männchen an ebensolchen Charakteristika erkennen.

Auch das lässt sich überprüfen. In den 1980er-Jahren verfeinerten einige Bioakustiker Johann Regens Experiment. Sie nutzten Synthesizer, um künstliche Grillensongs zu erzeugen. Stimmten diese synthetischen Songs in ihrer Trägerfrequenz und der Pulsrate mit dem natürlichen Gesang der Männchen überein, lösten auch diese künstlichen Geräusche bei Testweibchen eine Phonotaxis aus.

Die Forscher konnten nun einzelne Elemente des Gesangs gezielt verändern. So entschlüsselten sie, was genau die Feldgrillenweibchen betört – mit einem eindeutigen Ergebnis: Grillenweibchen reagieren auf Gesänge einer bestimmten Frequenz und auf die richtige artspezifische Pulsrate, also die Schnelligkeit, mit der die singenden Männchen ihre Flügel ein- und aushaken und mit der die kurzen Schallpulse aufeinanderfolgen.

Um verstehen zu können, wie die vielen verschiedenen Grillenarten im ecuadorianischen Dschungel kommunizieren, ohne dass es zu Missverständnissen zwischen den unterschiedlichen Spezies kommt, war es gut zu wissen, worauf ich als Zuhörer achten musste. Und schon in meiner ersten Dschungelnacht war ich beeindruckt von dem unfassbaren Grillen-Streichkonzert um mich herum. Am Waldboden hörte ich einen tiefen Sänger, einen Kontrabass, auf einigen Baumstämmen mussten ein paar Violoncelli sitzen mit etwas höheren Tonarten. Aus dem Unterholz erklang eine Bratsche. Aber was diesen Wald ausmachte, waren die vielen lieblichen Violinen: Von den Bäumen, Palmen und Büschen, von überall her klang ein helles *crii crii*. Der Wald, besonders die Kronen der Bäume, musste voller singender Insekten sein. Die meisten dieser Grillen »funkten« auf höheren Frequenzen, als ich es von unserer heimischen Feldgrille kannte. Schon in der ersten Nacht zählte ich an die 20 verschiedene Grillensongs. Um mich herum warben Hunderte einzelne Grillenmännchen um eine Partnerin. Ihre Lockgesänge verschmolzen zu einer gewaltigen Symphonie der Natur. Mir wurde klar, dass im Wald von San Pablo de Kantesiya noch einiges an Arbeit auf mich wartete.

KAPITEL VIERZEHN

Die Wandelbare

Ist es wirklich wichtig, ob eine Heuschrecke irgendwo im Regenwald Ecuadors rote oder grüne Beine hat? Die meisten Menschen werden diese Frage wohl eher für nebensächlich halten, es interessiert sie wahrscheinlich nicht die Bohne. Für meinen Kollegen Klaus Riede war die Frage allerdings so spannend, dass er mich damit beauftragte, eine kleine Expedition zu organisieren. Ich sollte mich mehrere Stunden den Dschungelfluss Río Aguarico stromabwärts schippern lassen, um einfach mal nachzuschauen, was es damit auf sich hatte. Als er mir genauer erklärte, warum dieser Ausflug notwendig war, war ich sofort Feuer und Flamme.

Welche wissenschaftliche Fragestellung steckte also hinter diesem Auftrag? Auf das Wesentlichste zusammengefasst: Klaus Riede wollte wie eigentlich alle Tropenbiologen herausfinden, warum in tropischen Regenwäldern so unfassbar viele Arten leben und wie diese Arten – die meisten davon Insekten – entstanden sind.

Klaus Riede ist Experte für tropische Heuschrecken. Eine spezielle Art hatte es dem Heuschreckenforscher ganz besonders angetan: Die Spezies *Galidacris variabilis*, eine hübsche grasgrüne Schrecke mit schwarzen Flecken. Anders als die verwandten Grillen und viele andere

Heuschrecken, kommuniziert *Galidacris* nicht mithilfe von Schallsignalen. Stattdessen winken sich die Tiere mit ihren auffällig gefärbten Hinterbeinen zu und bringen sich so in Paarungsstimmung. Interessanterweise sieht *Galidacris variabilis* nicht überall, wo sie vorkommt, gleich aus. Je nachdem, wo man in Ecuador nach der Art sucht, findet man Exemplare mit entweder roten oder grünen Hinterbeinen – im Nordosten des Landes nur die rote, im Südosten nur die grüne Farbvariante. Die beiden Populationen trennt Ecuadors breitester Strom, der Río Napo, einer der vielen Zuflüsse des Amazonas.

Die unterschiedlichen Farbvarianten machen die kleine Heuschrecke so interessant. Sie werfen die Frage auf, ob man bei *Galidacris variabilis* der Evolution womöglich gerade bei der Arbeit zusehen kann. Spaltet sich hier eine Heuschreckenart in zwei neue auf? Aus diesem Grund wollte Klaus Riede mehr über die kleine Schrecke wissen. Unklar war beispielsweise, welche Farbvariante im äußersten Osten Ecuadors zu Hause war und wo genau die Grenze zwischen den beiden Verbreitungsgebieten verläuft. Um das herauszufinden, musste jemand ein paar Stunden den Río Aguarico hinabreisen, bis tief in die noch weitgehend unberührten Urwaldgebiete Ecuadors. Dieser Jemand sollte ich sein.

Natürlich interessierte mich das Rote-grüne-Beine-Problem auch, besonders aufregend war aber die Aussicht, noch viel weiter ins Amazonasbecken vorzudringen. Im Dorf charterte ich ein Motorboot samt Steuermann Renaldo, den ich schon als umsichtigen Dschungelkapitän kennengelernt hatte. Renaldo sagte sofort zu, meinte aber, wir bräuchten noch eine weitere Hilfe. Also kam auch Javier mit, einer der Guides, der mir beigebracht hatte, mich im Wald der *Siona-Secoya* nicht hoffnungslos zu verirren.

Im Morgengrauen bestiegen wir drei Renaldos Zweitboot, ein schnittig-schnelles Geschoss aus Metall. Der Dschungelkapitän steuerte uns zunächst in die vermeintlich falsche Richtung, nicht stromabwärts in Richtung Wildnis, sondern stromaufwärts zum Marktfleckchen Poza Honda. Dort landeten wir an und stiegen in eines der Toyota-Pick-up-Taxis um, die am Fluss bereitstanden. Mit uns dreien auf der Ladefläche ging es in das Ölförderstädtchen Shushufindi, um Proviant und Treibstoff für den langen Bootstrip zu kaufen. An einer Tankstelle füllte Renaldo ein altes, rostiges Ölfass mit Dieseltreibstoff. Dabei zündete er sich eine Zigarette an – bei ungefähr 30 Grad im Schatten. Ob es eine gute Idee sei, beim Tanken zu rauchen, fragte ich den knorrigen Mann nervös. Der Bootsbesitzer musterte mich einen Moment, rauchte seelenruhig weiter und brummte schließlich: »Entspann dich, das ist Diesel! Der brennt nicht!« Zum Beweis hielt Renaldo seine Kippe noch näher an den Kraftstoffstrahl. Mir rutschte das Herz in meine Tropenhose. Doch okay, dachte ich, es mag wie Gottvertrauen aussehen, vielleicht ist es aber auch einfach gelebte Ingenieurswissenschaft. Diesel müssen ja bekanntlich vorglühen.

Eine gute Stunde später waren wir endlich wieder auf dem wunderbaren Río Aguarico und schipperten Richtung Osten. Nachdem wir San Pablo und das Territorium der *Siona-Secoya* hinter uns gelassen hatten, wurde der Wald an beiden Seiten des Ufers leider nicht noch dichter und wilder. Im Gegenteil, er lichtete sich und machte wieder Platz für große Plantagen und Siedlungen. Die *Colonos* waren schon viel weiter vorgedrungen, als ich es mir vorgestellt hatte. Sie wirtschaften auf ihren Ländereien ganz anders als die meisten indigenen Völker: Während die Siedler ihre Flächen komplett entwalden, also kurzen Prozess mit dem Urwald machen, roden *Siona-Secoya*, *Cofán* oder *Huaorani*-Indigene in ihren Territorien meist nur kleine Parzellen. Dort bauen sie etwas Mais, Maniok oder Bananen an. Die *Indigenas* nutzen die kleinen Felder nur für ein paar Jahre und geben sie dann auf. Die Waldbauern roden andernorts ein neues kleines Maniokfeld, und die aufgegebene Miniplantage wächst wieder zu. Der Wald kann sich an dieser Stelle erholen. Diese Art des sogenannten Wanderfeldbaus funktionierte über Jahrhunderte, ohne den Wald dauerhaft zu schädigen. Je mehr Menschen aber in die Regenwälder drängen – und mit ihnen im Schlepptau Rinder und Palmölplantagen –, desto stärker wird der Wald zerstört.

In den indigenen Territorien ist die Natur leider auch nicht mehr komplett wild und unberührt, aber immerhin steht dort bis heute meist noch ein dichter Regenwald. Dennoch fordert auch an diesen Orten der Fortschritt seinen Tribut. Über lange Zeit jagten die meisten *Indigenas* mit Blasrohren, Speeren, Pfeil und Bogen. In San Pablo de Kantesiya wie im gesamten *Oriente* waren nun aber Schusswaffen, nicht selten großkalibrige Jagdgewehre, der neueste Schrei. Affen, Tapire, Rehe, Vögel – alles, was den erfahrenen Jägern vor die Flinte kam, war in Gefahr. Daran hat sich bis heute nicht viel geändert. Wer Geld für einen Arztbesuch oder einen neuen Außenbordmotor braucht, schießt einfach ein Wildschwein und verkauft seine Jagdbeute in Poza Honda und ähnlichen Marktflecken.

Als ich mit meinem Nachbarn Renaldo eines Abends auf dessen Veranda saß, sagte er voller Stolz, dass er mir etwas zeigen wolle. Er verschwand im Haus und kam mit einer auf Hochglanz polierten *Pumpgun* zurück. Ein solches Repetiergewehr lässt sich durch ein schnelles Vor- und Zurückschieben des Verschlusses in Windeseile nachladen.

»Wofür brauchst du so eine Mordwaffe?«, fragte ich entgeistert.

»Wenn mir früher im Wald eine Rotte Wildschweine begegnete, konnte ich nur eines schießen. Jetzt sind es manchmal drei oder vier auf einen Schlag.«

Einst, so wurde mir erzählt, konnte man vom Río Aguarico aus ganze Herden von Tapiren an den Flussufern sehen, viele Affen und große Schwärme in allen Farben schillernder Vögel. Diese goldenen Zeiten waren leider längst Geschichte, als wir den Río Aguarico stromabwärts knatterten.

Erst nach einer Stunde Fahrt durch *Colono*-Land kehrte der Urwald zurück. Nun waren wir endlich in der Wildnis angekommen, von der ich schon als Kind geträumt hatte. Hier lebten keine Siedler mehr. Die einzigen Menschen, auf die man an diesem Ort noch stieß, waren verstreut im Urwald lebende Familien, Angehörige der unterschiedlichen indigenen Stämme: *Cofán*, *Siona-Secoya* und *Quechua*. Ansonsten gab es nur noch Natur – einen grünen Ozean aus Bäumen, der sich bis zum Fluss ausdehnte. Die Kronen der Bäume berührten sich und bildeten ein durchgehendes Dach. Vereinzelt ragten einige mehr als 50 Meter hohe Urwaldriesen noch über dieses Dach hinaus. Über uns flogen Schwärme langschwänziger Aras, roter und gelber Riesenpapageien. Der Lärm unseres Motors scheuchte Greifvögel und bunte, langschnäblige Tukane auf. Es war der wunderbarste Bootstrip meines Lebens.

Nach vier Stunden Fahrt machten wir am Ufer fest. Dort stand eine kleine Hütte, das Zuhause einer *Quechua*-Familie. In Ecuadors wildem Osten, dem *Oriente,* kennt und hilft man sich. Die netten Leute boten uns an, bei ihnen zu übernachten. Auf der Veranda unserer Gastgeber entrollten wir unsere Isomatten und spannten die Moskitonetze auf. Nachdem wir alles erledigt hatten, war ich bereit für die Suche nach *Galidacris,* der mal rot- und mal grünschenkligen Heuschrecke.

»Stopp, nicht so hastig!«, wurde mir sofort Einhalt geboten. Wer fünf Bootsstunden von der nächsten Straße entfernt wohnt und nur alle paar Wochen Besuch bekommt, will seinen Gästen doch auch etwas bieten. Die Frau des Hauses kam mit einer großen Schale auf die Veranda, und das Gefäß machte die Runde von Mund zu Mund. Wir tranken *Chicha*, das indigene »Bier«, das schon die Inka gebraut hatten und das sich im *Oriente* immer noch großer Beliebtheit erfreut. *Chicha* wird heute wahlweise aus Mais, Kochbananen oder Maniok hergestellt. Renaldo, Javier und ich nahmen jeder einen Schluck (es war die Maisvariante) und lobten den Geschmack des Gebräus.

Das war kein dahingesagtes Kompliment, ich liebe *Chicha* wirklich. Eine Eigenschaft dieses Getränks muss ich beim Genuss allerdings jedes Mal von Neuem ausblenden: Damit aus einem Getreidebrei überhaupt ein alkoholisches Getränk werden kann, kauen ihn die Produzenten zunächst gut durch und spucken ihn anschließend wieder aus. Die im Speichel enthaltenen Enzyme spalten die Stärke der Früchte in Zuckermoleküle, die dann erst zu Alkohol vergären können. Diese Kau- und Spuckarbeit ist Frauensache. Es trinken aber meistens die Männer – so ungerecht kann es in Ecuadors *Oriente* zugehen.

Nach drei Runden, die der *Chicha*-Topf auf der Veranda kreiste, dachte ich erneut, ich könnte zum Aufbruch blasen. Schließlich neigte sich der Tag langsam dem Abend zu. Erneut stieß ich auf wenig Verständnis für meine Eile. Man habe nach der langen Fahrt natürlich Hunger. »Klar«, sagte ich, »macht euch was zu essen, wir haben ja alles dabei.«

Renaldo und Javier schüttelten ihre Köpfe. Beide waren große Liebhaber europäischer Kochkunst, im Speziellen italienischer Pasta mit Tomatensoße. Und eben bitte genau das sollte ich doch erst einmal kochen. Mir wurde schnell klar, dass jede Diskussion zwecklos war. Die Suche nach *Galidacris* musste ich noch ein wenig aufschieben.

Unsere Gastgeberin wies mich in ihre kleine Küche ein, ich schälte und hackte Zwiebeln, Knoblauch und Tomaten und unterdrückte dabei meinen Ärger. Wer hatte hier eigentlich wen engagiert? Ich die beiden *Siona-Secoya* oder sie mich? Und was, wenn ich *Galidacris variabilis* hier am Ende der Welt nicht finden würde und mit leeren Händen die Heimfahrt antreten müsste?

Der ganze Aufwand für eine kleine Heuschrecke? Es ist ein Problem, das alle Biologen haben, die sich mit dem Thema Evolution befassen: Evolutionsprozesse live zu »beobachten« ist annähernd unmöglich, weil sie so lange dauern, zu lang für ein Forscherleben. Es können Zehn- bis Hunderttausende Jahre verstreichen, bis sich eine neue Tier- oder Pflanzenart entwickelt hat.

Was Evolutionsbiologen aber studieren können, sind Variationen innerhalb einer Art. Am auffälligsten sind Unterschiede im Aussehen, beispielsweise in der Färbung wie bei *Galidacris variabilis*, oder in Körpergröße, Behaarung und vielem mehr. Auch das Verhalten eines Tieres, seine Biochemie oder die Physiologie können sich innerhalb einer Art von Individuum zu Individuum unterscheiden. Meistens beruhen diese Unterschiede auf kleinen Veränderungen in den Genen der Lebewesen. Nur auf der Basis solcher Genvarianten kann Evolution überhaupt stattfinden. Manche dieser Varianten sind erfolgreicher im großen Kampf um die Ressourcen und setzen sich durch, andere sind von Nachteil – sie verschwinden als eine kurze Laune der Natur wieder.

Manchmal können beide Ausprägungen ihre Vor- und Nachteile haben. Ein bekanntes Beispiel sind Zugvögel. Sie verlassen im Herbst ihre Brutgebiete und überwintern im warmen Süden. Doch es gibt auch Ausnahmen: Manche Individuen verschiedener Arten überkommt im späten Herbst nicht der Drang, in wärmere Gefilde zu reisen, stattdessen kämpfen sie sich im kalten Norden durch den Winter. Beide Strategien haben ihre Vor- und Nachteile. Der lange Flug in die Überwinterungsgebiete ist kräftezehrend und voller Gefahren – dafür rafft jeder harte Winter viele derjenigen Vögel dahin, die die riskante Reise schwänzen. Die nichtziehenden Individuen sind jedoch in der Poleposition, wenn es darum geht, im Frühjahr die besten Nistplätze zu besetzen. Jeder harte, schneereiche Winter spielt denjenigen Vögeln in die Karten, die im warmen Süden überwintern. Im Zuge des Klimawandels allerdings werden solche Winter immer seltener, was dazu führt, dass sich der Anteil der nichtziehenden Individuen stetig erhöht. Wenn sich der Klimawandel also wie befürchtet fortsetzt, könnten sich die Standvögel so durchsetzen und ihre ziehenden Cousins und Cousinen verdrängen.

Manchmal, wie bei der rot- oder grünbeinigen Heuschrecke, ist es nicht einfach zu sagen, ob und wenn ja unter welchen Umständen eine der beiden Varianten der anderen überlegen ist. Spannend bei *Galidacris variabilis* ist aber, dass die Variationen geografisch getrennt auftreten. Ecuadors Urwaldfluss Río Napo scheint für die kleine, nicht flugfähige Heuschrecke eine kaum zu überwindende Barriere darzustellen, die verhindert, dass sich Rot- und Grünbeiner begegnen und miteinander paaren.

Der Verlauf der vielen Zuflüsse des Amazonas hat sich seit fünf Millionen Jahren kaum verändert. Lang genug, dass sich die durch den Napo getrennten *Galidacris*-Populationen im Lauf der Zeit mangels Austauschs genetisch voneinander entfernt haben. Die unterschiedlichen Farbvarianten könnten ein Zeichen dafür sein. Es ist wahrscheinlich, dass die beiden getrennten Populationen genetisch noch weiter voneinander wegdriften, bis am Ende aus *Galidacris variabilis* zwei Arten geworden sind. Vielleicht aber sind die rot- und grünbeinigen *Galidacris*-Schrecken auch schon längst zwei getrennte Spezies.

Per Definition ist eine Art eine sogenannte Fortpflanzungsgemeinschaft. Das bedeutet, wenn ein Weibchen und ein Männchen sich paaren und fruchtbare Nachkommen hervorbringen, sagt man, dass sie zur selben Spezies gehören. Können sie das nicht, sind sie Vertreter verschiedener Arten. Ein Beispiel, das den Unterschied verdeutlicht, sind Raubkatzen: Hält man Tiger und Löwen in Gefangenschaft zusammen, finden sie mitunter Gefallen aneinander. Aus so einer Verbindung entstehen manchmal Nachkommen, Liger oder Töwe genannt (je nachdem, ob ein Löwe oder ein Tiger der Vater war). Diese Mischwesen sind allerdings unfruchtbar, Tiger und Löwe sind somit zwei unterschiedliche Vertreter der Gattung der Großkatzen.

Anders ist es, wenn man verschiedene Tiger miteinander kreuzt. Es gibt Sumatra-, Amur- und Bengalische Tiger, die sich in freier Natur niemals begegnen würden, die aber in Gefangenschaft noch gesunde und fortpflanzungsfähige Nachkommen miteinander haben können. Biologen sprechen in diesem Fall von Unterarten. Sollten die Tiger in den verschiedenen Teilen Asiens überleben (was von uns Menschen abhängt), ist denkbar, dass sich im Laufe von Jahrtausenden aus den Unterarten neue Tigerarten entwickeln, ähnlich wie aus einem gemeinsamen Vorfahr einst Löwe und Tiger entstanden.

Die Heuschrecke *Galidacris* zeigt den Evolutionsbiologen, dass solche Prozesse in direkt aneinandergrenzenden Gebieten ablaufen können. Ein Urwaldfluss kann als Barriere ausreichen, damit aus einer Art zwei entstehen. Interessant ist zudem, dass die Variation ein Merkmal betrifft, das beim Sexualverhalten der Heuschrecken eine entscheidende Rolle spielt. *Galidacris*-Schrecken winken sich mit den auffälligen Hinterbeinen zu. Was aber, wenn sich rotbeinige Weibchen lieber den ebenfalls rotbeinigen Männchen hingeben? Selbst wenn der Río Napo, die Barriere zwischen den beiden Heuschrecken-Populationen, irgendwann verschwände und die Rot- und Grünbeinigen sich wieder begegneten – sie blieben in diesem Fall voneinander isoliert. Diese Trennung wäre dann nicht mehr von der Geografie bestimmt, sondern durch ihre sexuellen Vorlieben. Auch wenn die unterschiedlichen Varianten theoretisch noch Nachkommen miteinander zeugen könnten, sie täten es nicht mehr.

Es ist sicher kein Zufall, dass Tiergruppen wie Insekten, deren Vertreter besonders klein sind, zumeist auch artenreicher sind als beispielsweise die wesentlich größeren Säugetiere. Ein kleiner Dschungelfluss mag eine unüberwindbare Barriere für eine Heuschrecke sein, nicht aber für einen Jaguar oder ein Tapir. Entsprechend häufiger werden Populationen der Zwerge des Tierreichs voneinander isoliert und entwickeln sich zu verschiedenen Spezies.

Ein anderer Grund für die riesige Artenfülle der Insekten in den Tropen ist eine hohe Zahl von Nahrungsspezialisten, die durch die Urwälder krabbeln und fliegen. Sie sind Pflanzenfresser, die sich nur von einer oder wenigen Pflanzenarten ernähren. Viele Pflanzen »wehren« sich gegen Insekten, die sie anknabbern wollen, indem sie Giftstoffe in ihre Blätter und Samen abgeben, die den meisten Insekten den Appetit verderben. Manche Insekten werden gegen solche Gifte aber wiederum resistent und durchbrechen so den Schutzmechanismus der Pflanzen. Ihr Vorteil ist nun, dass sie »exklusiv« von der bislang verbotenen Frucht fressen können, ganz ohne Konkurrenz durch andere Pflanzenfresser. Auf verschiedenen Baumarten entwickeln sich so hoch spezialisierte Populationen, die aufgrund ihrer speziellen Diät isoliert bleiben von ihren Brüdern und Schwestern auf anderen Bäumen mit anderen Abwehrmechanismen. Pflanzen werden dadurch zur Triebfeder der Insektenevolution.

Diese Beziehung ist keine Einbahnstraße. Die Pflanzen rüsten wiederum chemisch auf, um die neuen Fressfeinde zu bekämpfen. So entstehen wieder neue Pflanzenarten, deren Schutzstrategien irgendwann wiederum geknackt werden – ein Wettlauf, der niemals ein Ende findet und den Artenreichtum immer weiter erhöht, solange der Urwald fortbesteht.

Fressen und gefressen werden ist längst nicht die einzige Beziehung zwischen den unterschiedlichen Lebewesen eines Tropenwaldes. Es gibt Blütenpflanzen und Bestäuber, Räuber und Beutetiere, Parasiten und Wirte, Kadaver und Aasfresser, Bäume und Epiphyten. Insekten legen ihre Eier auf Pflanzen ab, und Vögel, Fledermäuse und Ameisen wiederum verbreiten die Früchte und Samen der Pflanzen von Bäumen und Epiphyten. Diese Aufzählung ist nur ein kleiner Ausschnitt aus dem vielfältigen Netz der Beziehungen zwischen Tieren, Pflanzen, Pilzen, Bakterien und Viren. Dieses Netz ist in tropischen Regenwäldern besonders engmaschig. In den Tropen ist der Grad der Spezialisierung vieler Lebewesen auffallend hoch. Die Nischen, die die Bewohner der Tropenwälder für sich beanspruchen, sind entsprechend klein. Umso mehr Arten können dort miteinander überleben.

Inzwischen verbreitete sich der Duft der Tomatensoße im Zuhause der *Quechua*-Familie. Wir setzten uns auf die Veranda und verspeisten die Pasta – mit atemberaubender Aussicht auf den Río Aguarico. Als die letzte Nudel vertilgt war und die Teller blitzblank geleckt, wollte ich endlich aufbrechen. Aber erneut hieß es: »Stopp!«

Eine weitere *Chicha*-Runde musste eingeläutet werden, was mir eigentlich schon vorher hätte klar sein müssen. Die Sonne stand inzwischen bereits tief, nur noch knapp über den Baumkronen am gegenüberliegenden Ufer des Flusses. Die Zeit für meine *Galidacris*-Forschung wurde immer knapper. Doch schließlich saß ich mit den besten Dschungelguides zusammen, die man finden kann: mit Menschen, die inmitten all der Tiere, die Klaus und mich interessierten, aufgewachsen waren!

»Habt ihr diese Heuschrecke schon mal gesehen?« Ich ließ ein Bild rumgehen, das mir mein Kollege und Auftraggeber mitgegeben hatte. Unser Gastgeber erhob sich und verschwand. Es dauerte keine fünf Minuten, und er kam mit einem großen Blatt in der Hand zurück, das er zu einem kleinen Beutel gefaltet hatte. Vor meinen Augen öffnete er den Behälter, und wir schauten auf ein ausgewachsenes *Galidacris*-Männchen. Es hatte grüne Winkeschenkel.

»Die sitzen immer in meinem Garten«, sagte der Mann eher beiläufig, »gleich hinterm Haus.« So einfach kann Evolutionsforschung sein.

Mit leichter Schlagseite vom ausgiebigen *Chicha*-Genuss machten wir uns auf in den Garten, wo Maniok und anderes Gemüse wucherten. Wir sahen an diesem Spätnachmittag noch weitere *Galidacris*-Schrecken. Alle hatten wie unser erster Fund grüne Schenkel. Damit bestätigte sich, was mein Kollege bereits geahnt hatte: Im äußersten Osten Ecuadors ist die grüne Farbvariante von *Galidacris* zu Hause.

Wie so oft stellte sich aber bei näherer Betrachtung alles als viel komplizierter heraus. *Galidacris variabilis* macht ihrem Namen (*variabilis* bedeutet übersetzt »die Wandelbare«) auf noch andere Art alle Ehre. Je nach Fundort gibt es Exemplare mit kurzen oder langen weißen Fühlerspitzen und mit unterschiedlich gefärbten Knien der mal roten, mal grünen Winkeschenkel. Es ist unklar, ob, was Biologen als *Galidacris variabilis* bezeichnen, sich nicht längst zu zwei oder noch mehr verschiedenen Arten, einem sogenannten Artenkreis, entwickelt hat.

Wichtig ist aber, was uns die kleine Heuschrecke erzählt. Sie zeigt, wie Evolution funktioniert. Und dass die »Entstehung der Arten«, von der Charles Darwin uns schon vor über 150 Jahren berichtet hat, kein abgeschlossener Prozess ist. Überall auf der Erde, ob in amazonischen Regenwäldern, in Steppen Afrikas, in europäischen Buchenwäldern oder tropischen Korallenriffen, schreibt die Natur diese Geschichte ständig weiter. Immer und überall entstehen neue Tier-, Bakterien-, Pilz- oder Pflanzenarten.

Leider braucht es aber wesentlich länger, bis eine neue Heuschreckenart durch den Regenwald hüpft, als es Zeit kostet, um ihren Lebensraum zu zerstören. Wenige Hundert Jahre reichten, einen Großteil der Nebelwälder in den Anden Ecuadors zu roden. Und auch im amazonischen Tiefland fressen sich Straßen, Viehweiden, Plantagen und Siedlungen immer weiter Richtung Osten. Es ist sehr wahrscheinlich, dass einige Varianten von *Galidacris variabilis* schon mit ihrem Lebensraum verschwunden sein werden, bevor sie sich überhaupt zu neuen *Galidacris*-Arten entwickeln können.

Zum Glück war aber rund um das Haus unserer Gastgeber die Welt noch in Ordnung. Der Regenwald tief im *Oriente* war noch intakt. Jetzt, wo mein Auftrag erfolgreich erledigt war, begann auch ich mich zu entspannen. Mit Renaldo und Javier setzte ich mich ans Ufer des Río Aguarico.

»Manchmal kommen hier Flussdelfine vorbei«, sagte Renaldo, »mit ein bisschen Glück sehen wir heute noch einen.« Doch meine beiden Begleiter wollten nicht darauf warten und standen schon nach wenigen Minuten wieder auf. »Bis nachher, wir haben noch etwas zu erledigen.« Kurze Zeit später hörte ich unser Motorboot davontuckern.

Es gibt für mich kaum etwas Schöneres als die Dämmerung in den Tropen. Die schwüle Hitze weicht einem laueren Lüftchen, Zikaden verabschieden den Tag mit ihrem Dämmerungskonzert, und das Dschungelorchester wechselt seine Besetzung. An einem Ort, an dem kilometerweit nur ein paar Menschen ganz ohne elektrischen Strom leben, an dem es also auch kein künstliches Licht gibt, überspannte mich wenig später ein unfassbarer Sternenhimmel. Ich zog Schuhe, Hose und T-Shirt aus und sprang in den kühlen Aguarico. Es mag ein bisschen pathetisch klingen, aber glücklicher als in diesem Moment war ich nur wenige Male in meinem Leben. Ich war eins mit dem Regenwald, eins mit dem Fluss, dem Tierstimmenkonzert und dem gigantischen Funkelhimmel über mir. Wieder am Ufer ließ ich mich von der warmen

Nachtluft trocken und holte aus meinem Rucksack eine Flasche Rotwein, die ich genau für solch einen Moment dabeihatte. Flussdelfine kamen keine vorbei, aber ich wusste, dass sie irgendwo da draußen sein mussten.

Ungefähr eine Stunde später hörte ich wieder das Tuckern des Außenborders. Meine beiden Begleiter machten das Boot am Ufer fest. Javier verkündete stolz: »Frank, morgen revanchieren wir uns, dann kochen wir.«

An Javiers Hand baumelte ein gerade mal einen Meter langes, viel zu jung gestorbenes Krokodil.

Es ist leider so, dass von allen Tieren Südamerikas Krokodile und Kaimane als Erste verschwinden, wo sich die Menschen breitmachen. Denn sie sind erstens leicht zu jagen und zweitens schmecken sie einfach fantastisch. Man muss sich nur nach Einbruch der Dunkelheit mit einem kleinen Boot langsam das Krokodilgewässer entlangtreiben lassen und mit einer starken Taschenlampe die Wasseroberfläche ableuchten. Die Krokodilaugen reflektieren das Licht und verraten die Reptilien wie helle Positionslampen einen großen Tanker. Den Rest besorgt der Jäger mit einem gezielten Schuss oder einem harten Schlag mit der Machete.

Eine Koexistenz von Krokodilen und Menschen war in Amazonien jahrhundertelang kein Problem. Dafür lebten bis ins 20. Jahrhundert auch viel zu wenige Menschen in den Urwäldern. Ungemütlich wurde es für die Panzerechsen erst, als die Regenwälder »entdeckt« wurden und als die Ölfirmen kamen und mit ihnen die Straßen und Siedler. Und – wie das junge Krokodil in Javiers Hand bewies – auch ein forschungsreisender Biologe konnte für das frühzeitige Ableben eines Reptils verantwortlich sein.

Man kann die Zeit nicht mehr zurückdrehen. Die meisten indigenen Völker Amazoniens leben schon längst mit Kühlschränken, Autos, Motorrädern, Geld und Jagdgewehren, mit denen man sich schnell einen Kaiman schießt. Andererseits existiert inzwischen gerade in den Urwaldgebieten Südamerikas auch ein noch junges Umweltbewusstsein. Viele der indigenen »Nationen« Ecuadors wissen um den Wert intakter Regenwälder für ihr Überleben und für das Fortbestehen ihrer jeweiligen Kultur. Angesichts des Vordringens der sogenannten Zivilisation haben Kaimane, *Galidacris*-Heuschrecken und Langschwanzpapageien nur dann eine Chance zu überleben, wenn die verbleibenden Regenwälder zumindest in weiten Teilen unter Schutz gestellt werden.

Doch auch das ist keine Garantie für alle Zeiten: Nur etwa hundert Kilometer weiter südlich vom Río Aguarico erstreckt sich Ecuadors größter und neben den Galapagosinseln berühmtester Nationalpark: Der *Parque Nacional Yasuní* ist einer der artenreichsten Orte der Erde, so einzigartig, dass ihm die Vereinten Nationen den Status »UNESCO Biosphärenreservat« verliehen haben. Dennoch ist selbst dieses Naturparadies bedroht. Teile von Yasuní wurden von der ecuadorianischen Regierung für die Suche nach Erdöl freigegeben. Die Zivilisation nagt inzwischen von allen Seiten am amazonischen Urwald. Es bleibt zu hoffen, dass es uns dennoch gelingt, die letzten Urwälder zu erhalten – die Heimat einer unfassbaren Artenvielfalt und somit das kreativste Labor der Evolution.

KAPITEL FÜNFZEHN

Die Jagd nach der Spinnengrille

Zurück in San Pablo de Kantesiya konzentrierte ich mich wieder auf mein eigenes Forschungsgebiet, auf die Grillengesänge. Im dichten Regenwald war die Suche nach werbenden Grillenmännchen um einiges schwieriger als auf dem übersichtlichen Fußballplatz des Dorfes. Prinzipiell wandte ich aber dieselbe Taktik an. Stach ein einzelner Gesang aus dem riesigen Urwaldchor hervor, richtete ich mein Mikrofon auf das Geräusch, setzte meine Kopfhörer auf und näherte mich vorsichtig. Weil ich vorwiegend in der Nacht auf die Pirsch ging, trug ich eine kleine Stirnlampe. Kam ich einem singenden Tier zu nahe, verstummte es meist abrupt. Dann musste ich die Lampe ausschalten, bis der Gesang von Neuem einsetzte und die Suche weitergehen konnte.

So fand ich mich eines Nachts im Wald direkt neben einem der mächtigen Bäume wieder. Irgendwo auf dem Stamm, in ein bis zwei Metern Höhe, musste eine relativ große Grille sitzen. Das zumindest ließ ihr lautes Gezirpe vermuten. Ich richtete die Stirnlampe auf den Baum und schaltete sie ein. Im Lichtkegel sah ich nur die braune, schroffe Rinde des riesigen Baums. Ich suchte den Stamm genauer ab. In meinem Augenwinkel huschte ein Schatten auf die andere Seite des Stamms. Vorsichtig folgte ich dem flinken Etwas und umkreiste Schritt um Schritt den Baumstamm. Doch das scheue Insekt hatte mich längst bemerkt. Bevor ich die andere Stammseite erreichte, lief die Grille weiter und kam wieder dort an, wo die kleine Jagd begonnen hatte. Ich wechselte die Richtung und schlich erneut um den Stamm. Doch wieder ohne Erfolg. Das Tierchen hatte sich längst in Bewegung gesetzt und war wieder auf der anderen Seite verschwunden. Ich unternahm einen weiteren Versuch und umkreiste ein drittes Mal den Baum. Wieder huschte der Schatten davon. Wir drehten uns im wahrsten Sinne des Wortes im Kreis. Langsam nahm ich die Sache persönlich.

Ich richtete den Lichtstrahl auf den Waldboden und schob mich Millimeter für Millimeter voran. Das war das richtige Tempo für das vorsichtige Tierchen. Nach einer gefühlten Ewigkeit war ich auf seiner Seite angekommen. Noch langsamer hob ich meinen Kopf, der Lichtkegel kroch den Baumstamm aufwärts. Endlich entdeckte ich den vorsichtigen Stammbewohner. Im Schein des Lichts saß eine große Grille mit sehr schlanken Beinen. Von ihrem Hinterleib standen zwei Fühler ab, die fast so lang wie ihr übriger Körper waren. Auf den ersten Blick hätte man die beiden Taster für ein weiteres Beinpaar halten können, was der Grille die Erscheinung einer großen Tarantel verlieh. Noch weitaus länger als die Taster an ihrem Hinterende waren die zwei Antennen auf ihrer Stirn. Jede von ihnen maß mindestens 15 Zentimeter, war aber hauchdünn. Das Grillenmännchen bewegte die beiden Fühler vor und zurück. Es sah aus, als würden zwei zarte Spinnfäden im Wind wehen. Mir wurde nun klar, warum das Tier so sensibel auf meine Bewegungen reagiert hatte. Mit solch feinen langen Fühlern spürte es den zartesten Lufthauch jeder sich nähernden Gefahr.

Ein so großes Grillenmännchen, das ganz ohne Deckung auf einem Baumstamm zirpt, muss viele Feinde fürchten. Fledermäuse könnten es mit ihrem scharfen Gehör orten und im Sturzflug erbeuten. Riesige Spinnen patrouillieren auf den Baumstämmen und packen alles, was sie mit ihren Mundwerkzeugen zu fassen bekommen. In Ecuador gibt es wahre Spinnenmonster: Einige Arten aus der Ordnung der urtümlich anmutenden Geißelspinnen werden größer als eine Männerhand. An ihrem Mund tragen sie riesige mit Dornen bewehrte Greifer, die den Fangbeinen einer Gottesanbeterin oder den Zangen eines Skorpions ähneln. Geißelspinnen sind die einzigen Spinnentiere, die auf nur sechs statt acht Beinen laufen. Das vorderste Beinpaar ist als solches nicht mehr zu erkennen. Die Extremitäten wurden im Laufe der Zeit in empfindliche Tastorgane umgewandelt. Sie sind noch länger als die Antennen der Grille, die ich aufgestöbert hatte. Ihren Namen haben die Geißelspinnen diesen an lange Peitschen erinnernden Tastbeinen zu verdanken. Sie sind eine ausgezeichnete Anpassung an das Jagen in der Nacht. Mit ihnen spüren sie ihre Beutetiere auf und packen sie dann mit ihren furchterregenden Greifzangen.

Grillen sind ebenfalls mit überaus empfindlichen Sinnen ausgestattet. Sie müssen ständig wachsam sein, weil sie sich mit ihrem Gesang selbst in Gefahr bringen. Und es sind nicht nur große Räuber, die es auf sie abgesehen haben: Einige winzige Fliegenarten aus der Gruppe der *Tachinidae* können ausgezeichnet hören. Sie nutzen ihre empfindlichen Ohren, um singende Grillen aufzuspüren. Die Winzlinge fliegen die Grillen dann gezielt von hinten an und versuchen auf dem Hinterleib ihres Opfers zu landen. Die einzige Chance für die Grille, diese Flugattacke abzuwehren, ist, fest mit den Hinterbeinen auszutreten, ähnlich einem wild gewordenen Hengst. Schafft es die Fliege aber auf den Grillenkörper, ist deren Schicksal besiegelt. Die winzige Fliege deponiert frisch geschlüpfte Minimaden auf der Grille, die sich erst in den Körper ihres neuen Wirts hinein- und ihn dann allmählich von innen auffressen. Nach einiger Zeit schlüpfen die fertig entwickelten Maden aus dem ausgeweideten Insektenkörper, verpuppen sich und werden schließlich wieder zu einer Fliege, die ihrerseits Grillen überfällt.

Wenn aber das Singen für Grillen so riskant ist, fragt man sich, warum sie keine dezentere Methode entwickelt haben, miteinander zu kommunizieren. Interessanterweise sorgen die kleinen Parasitenfliegen dafür, dass manche Grillenmännchen zumindest zeitweilig verstummen: Im Südwesten der USA und im Norden Mexikos lebt die Wüstengrille *Gryllus integer.* Auch diese Insekten werden häufig von einer kleinen *Tachiniden*-Fliege parasitiert, einem Tier namens *Euphasiopterix ochracea.* Die Wüstengrille hat sich an diese Bedrohung angepasst. Sie singt nicht den ganzen Tag, sondern verstärkt dann, wenn ihr kleiner Feind am wenigsten aktiv ist. So weicht sie der Bedrohung durch die Fliegen aus. Doch das ist kein hundertprozentiger Schutz. Trotz dieser Taktik fallen immer noch viele Wüstengrillen *Euphasiopterix* zum Opfer.

Ein Teil der Wüstengrillen aber kontert die tödliche Gefahr mit einer verschärften Anpassung: Sie singen gar nicht mehr! Statt selbst um ein Weibchen zu werben, setzen sie sich stumm in die Nähe eines eifrig zirpenden Männchens. Aufgrund dieses Verhaltens, das genetisch programmiert ist, bezeichnet man diese lautlosen Grillen auch als Satellitenmännchen. Sie warten ab, bis ein Weibchen vom Werben des Sängers nebenan angelockt wird. Manchmal schaffen sie es dann, anstelle ihres Konkurrenten das Weibchen zu begatten. Diese Strategie wird allerdings wesentlich seltener mit einer erfolgreichen Paarung belohnt, als selbst die mühsame Arbeit des tagelangen Zirpens zu übernehmen. Dafür werden die Satellitenmännchen aber nicht von Fliegen attackiert und später von deren Maden verspeist.

Die Taktik der Satellitenmännchen funktioniert natürlich nur so lange, wie es auch genügend singende Grillen gibt, zu denen sie sich gesellen können. Je mehr Parasitenfliegen in einer Gegend leben, desto erfolgreicher ist die Fortpflanzungsstrategie der Satellitenmännchen. Wo nur wenig Fliegen nach singenden Grillen Ausschau halten, findet man daher auch weniger Satellitengrillen. *Euphasiopterix*-Fliegen sind somit für Wüstengrillen ein wichtiger Selektionsfaktor, der direkt auf ihr Verhalten Einfluss hat.

Das Grillenmännchen, das vor mir auf dem Baumstamm saß, war offensichtlich kein Satellitenmännchen. Nachdem ich lange genug still und jede hastige Bewegung vermeidend gewartet hatte, hob es seine Deckflügel ein Stück vom Körper und begann nur einen halben Meter von mir entfernt zu werben. Ich ließ eine gute Minute lang meinen DAT-Recorder mitlaufen – meine erste perfekte Aufnahme eines Lockgesangs mitten im Wald.

Doch das war nur der einfache erste Teil meiner Arbeit in dieser Nacht. Die weitaus schwierigere Aufgabe bestand darin, dieses flinke und mit sensiblen Sinnesorganen ausgestattete Tier zu fangen. Zu präsent war mir noch das Katz-und-Maus-Spiel, das die Grille und ich zuvor aufgeführt hatten.

Tierschützer verstehen oft nicht, warum Insektenforscher die Tiere, die sie untersuchen, überhaupt einfangen, töten, trocknen und auf Nadeln gespießt in Glaskästen aufbewahren. Doch will man die riesige Vielfalt der Tropenwälder erfassen, kommt man einfach nicht daran vorbei. Erst im Labor kann ein Biologe mit Sicherheit feststellen, ob er draußen im Freiland eine altbekannte oder eine noch unbeschriebene Insektenart gefangen hat. Handelt es sich um eine neue Spezies, wird sie in einer wissenschaftlichen Veröffentlichung beschrieben, ihr wird ein Platz innerhalb der Verwandtschaftsverhältnisse einer Tiergruppe zugewiesen, und sie bekommt einen Namen. Das Individuum, anhand dessen die neue Tierart beschrieben wurde und das deshalb für die Wissenschaft sterben musste, wird danach in einem der vielen naturgeschichtlichen Museen weltweit aufbewahrt – als Referenz für nachfolgende Naturforscher. Deshalb war es für meine Arbeit so wichtig, die flinke Grille nicht entkommen zu lassen.

Sprang das Tierchen aber vom Baumstamm, würde ich es auf dem mit welkem Laub bedeckten Waldboden nicht wiederfinden. Eine durchdachte Jagdstrategie war also geboten. In Zeitlupe setzte ich meinen Rucksack ab, zog ein großes weißes Moskitonetz heraus und breitete es auf dem Waldboden aus. Dann nahm ich eine Plastiktüte, spannte sie mit beiden Händen auf und näherte mich der Grille, so langsam ich konnte. Wann war die beste Distanz erreicht, um die Fangtüte nach vorne schnellen zu lassen? Ich wusste es nicht. Als ich nur noch etwa zehn Zentimeter von dem Tier entfernt war, hielt ich es nicht mehr aus und griff zu.

Was ich nicht für möglich gehalten hatte: Das Insekt war schneller. Irgendwie musste es im letzten Moment dem heranschießenden Plastikmaul entwischt und vom Stamm gesprungen sein. Sofort suchte ich das helle Moskitonetz auf dem Waldboden ab. Ich hatte Glück, da saß die Grille und bewegte ihre langen Antennen.

Jeder, der als Kind schon einmal versucht hat, eine Heuschrecke zu fangen, stellt schnell fest: Die Tiere mögen zwar weit springen können, zwischen zwei Sätzen sind sie aber für einen kurzen Moment im Nachteil. Das liegt an der besonderen Mechanik ihrer Sprungbeine. Heuschrecken und Grillen müssen sie vor jedem Hüpfer erst wie den Federapparat eines mechanischen Spielzeugs vorspannen. Langsam winkeln sie ihre Beine immer weiter an und speichern dabei Muskelkraft in Form elastischer Energie. Dann entkoppeln sie das System, die aufgestaute Energie wird auf einen Schlag frei, und das Tier schnellt davon. Das musste ich unbedingt verhindern. Ich stülpte meine Plastiktüte so schnell ich konnte über den dunklen Schatten auf dem hellen Moskitonetz. Geschafft! In der Plastiktüte zappelte Fang Nummer zwei nach der lärmenden Kurzschwanzgrille vom Fußballplatz.

Am folgenden Morgen schaute ich mir das Tier genauer an. Ich hatte ein Männchen aus der Gruppe der Spinnengrillen, der *Phalangopsinae* gefangen. Ob es sich aber um eine schon beschriebene oder tatsächlich um eine neue Grillenart handelte, konnte ich in meinem kleinen Dschungellabor nicht klären. Erst zwei Jahre später übernahm diese Aufgabe der US-Amerikaner Daniel Otte, ein Grillenspezialist von der *Academy of Natural Sciences* in Philadelphia in den USA. Er taufte die neue Art auf den Namen *Aclodes cryptos*[16]. Das Tier, das mich im Wald von San Pablo de Kantesiya so lange auf Trab gehalten hatte, ist seitdem Teil der Sammlung der *Academy* und eine von fast 30 000 Arten im *Orthoptera Species File*, dem wissenschaftlichen Verzeichnis aller bekannter Heuschrecken der Erde. *Aclodes cryptos* war mein erster kleiner Beitrag zu einem der größten Projekte der Biologie: die Millionen von noch unbekannten Tierarten zu entdecken, zu beschreiben und zu erfassen.

Hier eine kleine Kostprobe vom Sound der Spinnengrillen *Aclodes cryptos*:

oder: www.ludwig.de/fiese-tiere

KAPITEL SECHZEHN

Der Schmerz-Gourmet

Nicht jede Grillenjagd verlief ähnlich erfolgreich wie die auf die Spinnengrille *Aclodes cryptos.* In manchen Nächten entwischten mir alle flinken Sänger, die ich mühsam aufgestöbert hatte. Einmal spürte ich einem Zirpen nach, das aus einem kleinen Busch am Waldrand erklang. So vorsichtig wie möglich bog ich Äste und Blätter zur Seite und schob meine Hand voran.

Ein unfassbarer Schmerz schoss mir plötzlich in den Daumen! Schlagartig wich ich zurück. Leider wurde das Brennen des Fingers nicht weniger peinigend, sondern nahm immer weiter zu und breitete sich in der ganzen Hand aus. »So eine Scheiße, so eine verdammte, verfluchte Scheiße!« Ich versuchte, den Schmerz mit lauten, immer ordinärer werdenden Flüchen einzudämmen. »Mist verdammter, *hijo de puta*, Drecks…«

Mit der Taschenlampe leuchtete ich den Daumen an; innerhalb einer Minute war er grotesk auf mehr als das Doppelte seiner normalen Dicke angeschwollen. Was mich aber wirklich beunruhigte, war ein Blutströpfchen, das aus einer winzigen Verletzung quoll. Ich geriet in Panik, lief in Richtung Dorf – und schlug an einer der Abzweigungen die falsche Richtung ein. Wo der Wald längst lichter werden und in eine verwilderte Kakaoplantage übergehen sollte, umgaben mich noch immer ausschließlich Urwaldbäume. Ich hielt an und versuchte mich zu beruhigen. Der Daumen pochte. In regelmäßigen Abständen kehrte der Schmerz in voller Stärke zurück, als würde mich das fiese Etwas erneut und erneut stechen oder beißen – was auch immer es war.

Ich riss mich weiter zusammen, drehte um und lief zurück, bis ich den Busch wiederfand, an dem alles seinen Anfang genommen hatte. Mein Plan war, erst einmal herauszufinden, was mich da so malträtiert hatte. Ich hoffte, dass sich bestätigte, was ich bereits ahnte: dass es keine kleine Giftschlange war, die mich erwischt hatte, sondern ein weniger gefährlicher, wenn auch überaus unangenehmer Übeltäter.

Viele Menschen ekeln sich nicht vor Insekten, stattdessen machen ihnen die kleinen Tiere aber manchmal geradezu panische Angst. Es ist die Furcht davor, gestochen zu werden, die schon so manch einem ein Frühstück auf dem Balkon oder ein Picknick im Park verdorben hat. Wespen und Bienen stechen uns Menschen, um sich zu verteidigen. Die meisten Ameisen beißen und versprühen danach ihr Gift mit derselben Absicht. Ein solcher Stich oder Biss prägt sich uns so sehr ein, dass wir nach dem schmerzhaften Ereignis großen Respekt vor den kleinen Tieren entwickeln. Dabei lohnt es sich, die Furcht vor Insektenstichen ganz nüchtern zu bewerten: Eigentlich müssten wir den wehrhaften Hymenopteren, also den Bienen, Wespen und Ameisen, dankbar sein, dass sie uns nur wehtun und nicht gleich umbringen, wenn wir ihnen zu nahe kommen.

Kaum jemand hat sich so ausführlich mit Insektenstichen und den von ihnen ausgelösten Schmerzen befasst wie der US-Amerikaner Justin O. Schmidt. Schon als Teenager machte er in seiner Heimat, den Appalachen, lieber ausgedehnte Wanderungen, als sich wie seine Altersgenossen auf dem Sportplatz zum Baseball- oder Footballspielen zu treffen. Schmidt drehte jeden Stein um und suchte jeden Baum ab. Er war von Insekten begeistert. Besonders fasziniert war der junge Forscher von den Hymenopteren, denen er auf seinen Wanderungen begegnete. Er entwickelte sich zum Wespen- und Ameisenexperten.

Trotz seiner Begeisterung für Insekten wurde Schmidt zunächst Chemiker, nicht Biologe. Doch seine Leidenschaft ließ ihn nie los: Er spezialisierte sich darauf, die Chemie der Schmerzen, die uns Insektenstiche bereiten, zu erforschen. Denn kaum jemand hatte so viele Erfahrungen mit Insektenstichen gesammelt wie er selbst: Auf seinen Wanderungen und Reisen, auf seinen Jagden nach immer neuen Hymenopteren-Arten hat er bis heute Bekanntschaft mit den Stichen und Bissen von über 150 Bienen-, Wespen- und Ameisenarten gemacht.

»Über lange Zeit waren es die wehrhaften Ernteameisen, vor denen ich am meisten Respekt hatte«, erinnerte sich der Wissenschaftler, als ich ihn für ein Interview anrief. Ernteameisen durchstreifen auf der Suche nach Pflanzensamen als Nahrung für ihre Brut weite offene Landschaften mit nur wenig Deckung. Eigentlich wären sie so leichte Beute für Vögel, Echsen und kleine Säugetiere. Schmidt ist davon überzeugt, dass der eindringliche Schmerz, den die Ameisen bereiten können, eine Anpassung an ihre Lebensweise ist: Ihr Gift schützt sie auf der Suche nach Nahrung vor ihren zahlreichen Feinden.

»Was ist nun das Wichtigste für die kleine Ameise?«, so die rhetorisch gemeinte Frage des Chemikers.

»Richtig«, sagte er, ohne meine Antwort abzuwarten, »sie muss möglichst unbeschadet entkommen. Es nutzt der Ameise nichts, wenn sie ihren Feind am Ende umbringt, der aber vorher noch die Zeit hat, sie aufzufressen oder tödlich zu verletzen.«

Der Schmerz muss also wie ein Dolchstoß blitzschnell möglichst viele Schmerzrezeptoren aktivieren. Nur dann lässt der Fressfeind von der Ameise ab und sucht sich eine andere Beute. Es ist sogar gut, wenn der Vogel oder die Echse diese Attacke überlebt. Viele Räuber sind lernfähig und machen nach so einer Erfahrung einen großen Bogen um Ernteameisen. Und ihren Nachkommen bringen sie bei, dass Ernteameisen und andere wehrhafte Hymenopteren keine leichte Beute sind.

Je mehr Insekten Justin O. Schmidt im Laufe der Jahre stachen, desto feiner spürte er die Unterschiede von Stich zu Stich. Bei der einen Wespenart war der Schmerz moderat, dann gab es andere Hymenopteren, deren Gifte ihn wie Stromschläge durchschossen, wobei der Schmerz aber schnell wieder abebbte. Wieder andere bereiteten dafür eine längere, aber leichter zu ertragende Pein. Leider fiel der Schmerz, der mich in der Urwaldnacht quälte, in eine ganz andere Kategorie. Er war sehr intensiv UND er war sehr lang anhaltend.

Ich musste nicht lange suchen. Über einen Ast des Buschs krabbelten Ameisen – allerdings keine, wie ich sie aus Europa kannte. Sie waren größer als jede Ameise, die ich jemals gesehen hatte. Mich hatte eine *Conga* gebissen. Diese Riesenameisen tragen noch viele weitere Namen, einige davon sind inspiriert von ihren schmerzhaften Bissen: *bullet ant* (Gewehrkugelameise) oder *hormiga-24-horas-del-dolor* (24-Stunden-Ameise). Wie die über zwei Zentimeter lange Ameisenart zu ihren martialischen Namen gekommen war, erfuhr ich gerade am eigenen Leib. Ich war allerdings auch unendlich dankbar, dass es nur eine *Conga* war, die meinen Daumen voller Toxin gepumpt hatte, und keine giftige Lanzenotter. So hatte ich zwar schmerzhafte Stunden vor mir, würde sie aber unbeschadet überstehen.

Justin O. Schmidt entschloss sich, die unterschiedlichen Schmerzen, die verschiedene Insektenarten uns Menschen bescheren, ganz systematisch zu beschreiben und einzuordnen. Doch wie fasst man Schmerz in Worte? Der Chemiker stand vor einem ähnlichen Problem wie Wein- und Restaurantkritiker, die ihren Lesern komplexe kulinarische Erfahrungen vermitteln sollen. Am Ende kam Schmidt zu einer ähnlichen Lösung wie die Tester des Guide Michelin oder Gault Millau: Er entwickelte ein Bewertungssystem, das jedem Insektenstich – je nach Heftigkeit des Schmerzes – einen Zahlenwert zuordnet (ähnlich den Michelin-Sternen eines Gourmettempels). Doch nicht nur das. Wie ein Weinjournalist versuchte Schmidt, die Besonderheiten jedes Insektenstichs in für möglichst viele Menschen verständliche Sprachbilder zu übersetzen.

Der *Schmidt Sting Pain Index*, der Schmidt-Insektenstich-Schmerzindex war geboren. Die Skala reicht vom Wert 1 für moderate Schmerzerlebnisse bis 4+ für die schockierenden, den Schmerzen von Schussverletzungen anmutenden Bisse der *bullet ant*, der Gewehrkugelameise. Justin O. Schmidt beschreibt den von der Riesenameise ausgelösten Schmerz in seinem Index als »rein, intensiv und brillant, als liefe man über glühende Holzkohle, mit einem sieben Zentimeter langen Nagel in der Ferse«.

Insgesamt dreimal hat mich die Gewehrkugelameise während meiner Doktorarbeit erwischt. Der Schmerz ist wirklich heftig und hält mehrere Stunden an. Den »langen Nagel im Fleisch« habe ich selbst aber nicht gespürt. Vielleicht hatte ich ja bloß Glück und eine kleinere Menge Gift abbekommen als mein Kollege aus den USA. Was mich aber beruhigte: Ameisenbisse, auch die schmerzhaftesten, hinterlassen bei uns Menschen keine bleibenden Schäden.

Dennoch ist schwierig zu verstehen, was über das brasilianische Volk der *Sateré-Mawé* erzählt wird. Bei diesen Urwaldbewohnern sind *bullet ants* wichtige Protagonisten in einem schmerzhaften Initiationsritus. Männer der *Sateré-Mawé* fangen die Riesenameisen und betäuben sie mit einem speziellen Pflanzensud. Aus Blättern stellen sie dann Handschuhe her, in die die Insekten mit verwoben werden. Wenn die Ameisen wieder erwachen, stecken sie im Inneren des Blätterhandschuhs fest. Junge Männer, die als vollwertige Mitglieder der Gemeinschaft anerkannt werden wollen, müssen diese Handschuhe anziehen und mehrere Minuten lang tragen. Während dieser Zeit tanzen die Teilnehmer des Rituals, was ihnen ein wenig hilft, die unfassbaren Schmerzen zu ertragen, die ihnen die Ameisen in den Handschuhen bereiten.

Der englische Journalist und Filmemacher Steve Backshall durfte zusammen mit seinem Kamerateam an einem solchen *Bullet-ant*-Ritual teilnehmen. In seinem Film für *National Geographic* sieht man die jungen Männer die gefüllten Handschuhe mit großem Stolz tragen und dabei versuchen, sich möglichst wenig ihres Leidens anmerken zu lassen. Sicher hilft den Teilnehmern des Rituals, dass viele der Ameisen wahrscheinlich schon beim Herstellen des Folterhandschuhs in die Pflanzenfasern gebissen und ihre Giftblasen größtenteils entleert haben. Wenn die jungen Männer allerdings die Handschuhe nach fünf bis zehn Minuten ablegen, sind ihre Hände geschwollen und für einige Stunden gelähmt. Steve Backshall berichtet, dass die jungen *Sateré-Mawé* das Ritual um die zwanzig Mal durchstehen müssen. Es ist erstaunlich, was Männer sich alles antun, um als solche für voll genommen zu werden.

Dem Schmerzforscher Justin O. Schmidt wird manchmal vorgehalten, er sei insgeheim ein Masochist, der Lust daraus zieht, von Bienen und Hummeln gestochen zu werden. Das bestreitet er allerdings ganz entschieden.

»Wer mit Hymenopteren arbeitet, wird halt immer mal wieder gestochen oder gebissen«, erklärt er. »Ich zwinge kein Tier, mich zu attackieren. Ein erzwungener Stich bildet nicht die Wirklichkeit ab. Ich kann nicht sicher sein, ob ein Tier in einer solchen Situation mehr oder weniger Gift injiziert.« Für seinen Index, so Schmidt, sei ein solch erzwungener Stich unbrauchbar.

Vielleicht sind es aber seine wunderbaren Erfahrungsberichte, die Schmidt den Ruf eines Schmerz-Connaisseurs, wenn nicht gar -genießers eingebracht haben. So beschrieb er den Stich einer mittelamerikanischen Bienenart (moderate Schmerzstufe eins) mit den Worten: »fast angenehm, als würde ein Liebhaber ein wenig zu fest ins Ohrläppchen beißen.« Die afrikanische *Megaponera*-Ameise (Schmerzstufe zwei) hinterließ bei Schmidt folgende Erinnerung: »Der lähmende Schmerz einer

Migräne, konzentriert auf eine Fingerkuppe.« In Schmerzstufe zwei fallen auch alte Bekannte wie Honigbienen und die meisten europäischen Wespen. Auch deren Stiche sind einfach zu verschmerzen und harmlos, solange der Körper nicht allergisch auf das Bienen- oder Wespengift reagiert.

»Es ist kein Wunder«, erklärt Justin O. Schmidt, »dass gerade die Hymenopteren Stachel und Gift als Verteidigungsstrategie entwickelt haben. Viele Arten bilden große, manchmal riesige Staaten. Die Mitglieder dieser Völker schleppen gewaltige Mengen an Nahrung für ihre Brut in ihre Bauten. Ein solcher Bienen- oder Ameisenstaat wäre ein nahrhafter Leckerbissen für viele Tiere – wären die Bienen, Wespen und Ameisen nicht so wehrhaft.«

Es gibt allerdings auch viele einzeln lebende Hymenopteren-Arten mit einem furchterregenden Stechapparat. Besonders Wespen nutzen ihn seltener zur Verteidigung, als dass sie damit auf die Jagd nach anderen Insekten gehen.

Man erinnere sich beispielsweise an Jean-Henri Fabres gelbflügelige Grabwespe: Sie lähmt Grillen mit ihrem Stachel und Gift als Nahrung für ihre Beute. Ein naher Verwandter der Grabwespe, eine riesige Wegwespe, hat es in Schmidts Schmerzindex auf Platz zwei – gleich hinter die *bullet ant* – geschafft (Schmerzstufe vier): *Pepsis grossa* wird über fünf Zentimeter lang, der Stachel der Weibchen ist schon aus der Distanz gut sichtbar: Er misst sieben Millimeter. Auch diese Wespe überfällt andere Gliedertiere, allerdings keine harmlosen Grillen: *Pepsis grossa* hat sich auf Vogelspinnen spezialisiert, die um einiges größer und schwerer sind als die eh schon riesige Wespe selbst.

Die große Wegwespe lebt im Südwesten der USA, in Mittelamerika und im Norden Südamerikas. In den Wüsten Arizonas und Mexikos macht sie fast ausschließlich auf Spinnen einer einzigen Art Jagd – auf die Braune Texastarantel, eine mächtige Vogelspinne. In den USA wird die Wespe daher auch *tarantula hawk* – Tarantulafalke – genannt. Die Braune Texastarantel ist nicht nur größer und schwerer als die *Pepsis*-Wespe, sie besitzt zudem große scharfe Mundwerkzeuge mit für Insekten gefährlichen Giftdrüsen. Eigentlich ist sie keine Beute, die man sich als Wespe aussuchen sollte. Doch das ist nicht die einzige Herausforderung für das jagende Wespenweibchen. Die Texastarantel verschanzt sich die meiste Zeit in einer Wohnhöhle, deren Eingang sie mit festen Spinnfäden verbarrikadiert. Will das Tarantulafalkenweibchen im Kampf gegen die Texastarantel überhaupt eine Chance haben, muss sie das Spinnentier aus dieser Höhle locken. Der US-amerikanische Insektenforscher Eric R. Eaton hat einen der epischen Fights der beiden Räuber beobachtet und die Strategie der Wespe beschrieben:

»Die Wespenweibchen stellen ihrer Tarantelbeute besonders morgens und abends nach, um in der Sommersonne nicht zu überhitzen. Sie suchen im Tiefflug den Boden ab, bis sie einen Tarantelbau gefunden haben … Dann zerschneidet sie mit ihren Mundwerkzeugen den Seidenvorgang und kriecht in die Tarantelhöhle. Bald drängen beide, Spinne und Wespe, aus dem Bau. Das ist entscheidend für den Jagderfolg der Wespe: Im Tunnel fehlte ihr der Platz für ihr weiteres Vorgehen. Sie nimmt nun etwas Abstand, putzt sich und schätzt ihre Gegnerin ein. Mit ihren Antennen reizt sie die Spinne so lange, bis sie ihre Vorderbeine aufrichtet und so eine Drohhaltung einnimmt …«

Genau darauf wartet die Riesenwespe, denn nun wird die Unterseite des Tarantelleibs sichtbar – die Körperseite, wo sich das Nervensystem der Spinne befindet. Die Wespe packt zu und sticht mit ihrem Stachel zwischen Beinansatz und Brustpanzer der großen Vogelspinne. Damit ist der Kampf entschieden: Die Texastarantel wird durch den Stich gelähmt. Die Wespe putzt sich und frisst ein wenig von der Hämolymphe, die aus dem Loch dringt, das ihr Stachel im Spinnenpanzer hinterlassen hat. Meist schleift sie die hilflose Vogelspinne dann in deren eigenen Bau, legt ein einzelnes Ei und verschließt das nun zur Wespen-Bruthöhle umfunktionierte Spinnen-Zuhause mit Sand. Der Rest ist bekannt: Die Wespenlarve verspeist die gelähmte Tarantel bei lebendigem Leibe.

Es ist faszinierend, wie gut jede Bewegung der Wegwespe auf das Verhalten ihrer übermächtig erscheinenden Beute abgestimmt ist. Obwohl sie nur mit einem winzigen Gehirn gesegnet ist, geht sie mit unfassbarer Präzision vor und überwältigt die gefährliche Beute – gesteuert einzig durch ihre todbringenden Instinkte.

Wenn die *Pepsis*-Weibchen nicht auf Spinnenjagd gehen, sind sie – ähnlich wie ihre Männchen – recht harmlose Zeitgenossen. Sie suchen Blüten nach Nektar und Pollen ab und sind nur schwierig zu reizen. Aber wehe, wenn doch: Dann nimmt der Tarantulafalke seine Drohposition ein: Die Flügel und den Hinterleib samt Stachel nach vorne gebogen!

Justin O. Schmidt beschreibt den Schmerz, den *Pepsis grossa* bereiten kann, als »blendend, grimmig und schockierend elektrisch. Als würde jemand einen laufenden Föhn in deinen Whirlpool werfen. Dir bleibt nichts übrig, als dich auf den Boden zu werfen und dich im Schmerz zu winden.«

Dennoch hat Schmidt den Stich der *Pepsis-Wespen* als leichter zu verschmerzen eingeordnet als den der *bullet ant*, der Gewehrkugelameise. Denn nach fünf bis zehn Minuten ist der Spuk schon wieder vorbei. Dann ist das Schlimmste überstanden. Tarantulafalken sind mir auch in Ecuador immer mal wieder begegnet. Ich habe jedes Mal einen großen Bogen um diese Wegwespen gemacht. Der Biss der Gewehrkugelameise hat mir gereicht.

Justin O. Schmidt wurde im Jahr 2015 für seine Betrachtungen des Schmerzes mit einem ganz besonderen Preis ausgezeichnet – mit dem Ig-Nobelpreis. Dieser leicht satirisch gemeinte Preis soll Wissenschaftler und deren Leistungen würdigen, die »die Menschen erst zum Lachen, dann aber zum Nachdenken bringen«.

Schmidt versichert immer wieder, dass sein Index nicht als Witz gemeint ist. Vielmehr ist es ihm wichtig zu zeigen, welche Vorteile sich Hymenopteren im großen Überlebenskampf erworben haben, indem sie sich eine derart schmerzhafte Waffe zugelegt haben. Vielleicht hat der Schmerz-Connaisseur Schmidt so auch ein wenig vermittelt, was für faszinierende Geschöpfe Insekten sein können, obwohl – oder gerade weil – sie stechen und uns eine so »wunderbare« Pein bereiten wie die auch »Gelbjacke« genannte nordamerikanische Wespenart *Vespula squamosa*. In Schmidts Worten:

»Heiß und rauchig, fast respektlos. Man stelle sich vor, W.C. Fields löscht seine Zigarre auf deiner Zunge.«

KAPITEL SIEBZEHN

Die Invasion der Treiberameisen

Ameisen sind die heimlichen Herrscher der Regenwälder. Dank Justin O. Schmidts heroischer Arbeit wissen wir nun ziemlich genau, wie wehrhaft diese Insekten sein können. Die zweite wichtige Zutat zum Erfolgsrezept der Ameisen ist, dass sie – teils riesige – Staaten bilden. Ameisenexperten vergleichen einen solchen Staat gerne mit einem gigantischen Organismus. In den meisten Fällen sind alle Arbeiterinnen Töchter einer einzigen Königin. Nur wenn ihre Herrscherin weitere Königinnen und Ameisenmännchen hervorbringt, die wiederum neue Staaten begründen, leben auch die Gene der unfruchtbaren Arbeiterinnen weiter.

Allen gemeinsam ist deshalb ein Ziel: dass der Staat überlebt und sich erfolgreich fortpflanzt. Dafür gibt eine Ameisenarbeiterin alles, bis hin zum eigenen Leben. Wie angriffslustig und ausdauernd ein Ameisenvolk sein kann, habe ich einmal in Ecuador erleben dürfen. Es war die Begegnung mit einem riesigen Heer räuberischer Treiberameisen, die mich zwei Stunden Lebenszeit gekostet und mir einen ordentlichen Muskelkater beschert hat …

Es gibt zwar wesentlich mehr Käfer- als Ameisenarten, jedoch ist keine Insektengruppe so reich an einzelnen Individuen wie die Ameisen. Biologen schätzen, dass das

Gesamtgewicht aller Ameisen der Erde mehr als halb so groß ist wie das aller anderen Insekten zusammengenommen – weit mehr als die Masse aller auf der Erde lebenden Menschen.

Ameisen sind vielerlei Symbiosen mit anderen Tieren, Pilzen und Pflanzen eingegangen. So gibt es in den Wäldern Ecuadors schnell wachsende sogenannte Ameisenbäume, die einen engen Bund mit Ameisen der Gattung *Azteca* geknüpft haben. Die Bäume bieten den Insektenvölkern regelrechte Wohnkämmerchen, außerdem eine Art Buffet frei Haus in Form von Futterkörperchen, die die Ameisen und deren Larven mit Fett und Protein versorgen. Darüber hinaus halten sich die wehrhaften Insekten kleine Herden von Schildläusen, die den zuckerhaltigen Saft der Ameisenbäume saugen. Die Schildläuse werden von den Ameisen dann regelrecht gemolken – ähnlich wie die Kuh auf einem Bauernhof. Doch auch der Baum hat etwas davon, den hungrigen Insekten Kost und Logis zu bieten. Im Gegenzug erhält er von seinen Mietern Schutz – wie ein Restaurantbesitzer von einer Schutzgeldmafia: Die *Azteca*-Ameisen patrouillieren ständig über Stamm, Äste und Blätter ihres Ameisenbaums und verteidigen ihn gegen blätterfressende Schädlinge.

Auch Blattschneiderameisen leben in einer hoch spezialisierten Symbiose. Sie sind aufgrund ihrer einförmigen Nahrung auf einen Pilz angewiesen, ohne den sie sterben würden: Die Ameisen zerschneiden Blätter in kleine Stücke und können so ganze Bäume entlauben. Sie tragen die zerteilten Blätter in ihre unterirdischen, Millionen Tiere umfassenden Kolonien. Allerdings können sie ihre zellulosereiche Nahrung gar nicht alleine verwerten. In Brutkammern kultivieren die Blattschneider deshalb Pilze, die für sie die Pflanzennahrung aufschließen und verdauen. Letztlich sind es dann die Pilze, die den gärtnernden Insekten als Nahrung dienen. Manche Pilzart kommt ausschließlich in den Unterkünften der Ameisen vor. Ohne den nicht abreißenden Strom von Arbeiterinnen, die Blattstückchen in die Pilzkammern tragen, würden sie sterben, genauso wie die Insekten ohne die Pilze.

Blattschneiderameisen sind harmlos, Gewehrkugelameisen sind schmerzhaft, wahre Albträume mitten am Tag bereitete mir aber eine andere Ameisenart: Treiberameisen der Spezies *Eciton burchellii*. Diese Insekten sind regelrechte Krieger. Ein Volk kann aus bis zu zwei Millionen Tieren bestehen. Ähnlich wie Dschingis Khans Kriegsheer über die Steppen Asiens zog, durchforsten die *Eciton* Soldaten und Arbeiterinnen auf der Suche nach Beute die Wälder Süd- und Mittelamerikas. Das Hunderttausende Individuen starke Kriegsheer besteht bis hin zur letzten Arbeiterin aus Nachkommen einer einzigen Königin.

Im Jahr 1997 saß ich auf der Veranda der biologischen Station der Katholischen Universität Quito in einem kleinen Schutzgebiet in den ecuadorianischen Anden mit Namen *Reserva Otonga*. Hier sollte ich eine Begegnung mit einem *Eciton*-Heer machen, die ich niemals vergessen werde.

Giovanni Onore, damals Professor für Biologie an der Universität von Quito, hatte mithilfe von Spendengeldern das kleine Schutzgebiet – die *Reserva Otonga* – Stück für Stück zusammengekauft. Das Waldgebiet liegt auf einer Höhe von etwa 2000 Metern über dem Meeresspiegel. Der italienische Biologe Onore hatte mich eingeladen, die Grillenfauna auch »seines« Waldes zu studieren. Ein Angebot, das ich gerne annahm.

In die *Otonga* führten nur schmale, steile Pfade. Zusammen mit einer Gruppe deutscher Botaniker mietete ich im nächstgelegenen Dorf San Francisco de las Pampas ein Lastenpferd. Außerdem beauftragten wir einige Dorfbewohner damit, unseren Proviant und unsere Ausrüstung in die biologische Station der *Reserva* zu transportieren.

Der Aufstieg dauerte etwa zwei Stunden, dann tauchten wir in den fast unwirklich anmutenden Nebelwald ein. Dort ist man fast pausenlos von Wolken umgeben. Der Nebel wird eins mit den Bäumen und sorgt für eine melancholisch-schöne Stimmung. Die ständig hohe Luftfeuchtigkeit schafft geradezu paradiesische Bedingungen für die Pflanzenwelt. Nirgends sonst habe ich so viele Epiphyten gesehen.

Die Bäume sind eingehüllt in eine dicke Moosschicht, und auf den Ästen gedeihen Hunderte Aufsitzerpflanzen dicht an dicht – jeder Baum ist dadurch wie eingesponnen in ein grünes Kleid aus Moosen, Farnen, Flechten, Orchideen und zig anderen Pflanzenarten – bis hin zu epiphytischen Kakteen!

Ein sicheres Zeichen dafür, dass man sich in einem Regenwald Südamerikas befindet, sind die vielen Bromelien, die überall entlang der Stämme und Äste wuchern. Diese Pflanzen gibt es ausschließlich in der sogenannten Neuen Welt. In vielen der insgesamt fast 3000 Bromelienarten bilden sich kleine Teiche an der Basis ihrer kelchförmig angeordneten Blätter, sogenannte *Phytotel-*

mata. Diese Minigewässer machen südamerikanische Regenwälder deshalb zu einem Paradies für Frösche, Krebstierchen und solche Insekten, deren Larven im Wasser leben: Libellen, Steinfliegen, Raubwanzen und Tausende Fliegen- und Mückenarten[17].

Singende Grillen gab es im Nebelwald *Otonga* allerdings nur wenige – verglichen mit dem vielstimmigen Tierstimmenorchester im *Oriente*. Der Grund dafür sind die wesentlich tieferen Temperaturen in der *Reserva Otonga* – weit oben in den Bergen. Im Nebelwald ist es einfach zu kalt für viele Grillenarten und ihr energieaufwendiges Paarungsverhalten.

Dafür gab es *Eciton*-Treiberameisen in riesigen Schwärmen. Wie schon gesagt muss man sich einen *Eciton*-Staat wie ein mächtiges Heer vorstellen, das den Wald nach Beute durchkämmt. Die Soldatinnen und Arbeiterinnen bilden dabei eine mehrere Meter breite Front. Die Tiere drängen wie ein wandernder schwarzer Teppich voran. Jedes Insekt, das nun in die falsche Richtung (in die des Ameisenteppichs) die Flucht ergreift, ist verloren. Das *Eciton*-Heer erklimmt auch Bäume auf seiner Hatz nach Fressbarem. Zehntausende Ameisen laufen dann den Stamm hinauf und überfallen alles, was oben in der Krone lebt. Es ist die schiere Masse, die Treiberameisen zu den Machthabern im Nebelwald *Otonga* macht.

Man möchte sich nicht vorstellen, was passiert, wenn man selbst mitten in einen *Eciton*-Schwarm gerät. Zum Glück ist man aber vorgewarnt: Ein Treiberameisenschwarm kommt auf Millionen kleinen Beinchen seines Weges, und jedes einzelne macht dabei ein kleines

Geräusch. Alle zusammen addieren sich zu einem eigentümlichen Rauschen. Bei meiner ersten Begegnung mit einem solchen Millionenheer dachte ich noch, ein Wind käme auf. Doch das Rauschen und Rascheln riss nicht ab und wurde langsam, aber unaufhaltsam lauter. Irgendwann sind sie dann zu sehen, die unzähligen winzigen Individuen, die über den Boden krabbeln. Wohin der Teppich aus Chitin dringt, fliegen Käfer, Falter und Wanzen auf. Und das große Töten nimmt seinen Lauf.

Eines Nachmittags saß ich auf der Veranda der kleinen Forschungsstation in der *Reserva*. Ich war alleine, weil meine Botanikerkollegen mit ihren Arbeiten im Wald beschäftigt waren. Ich sortierte und präparierte gerade meine eigenen Fänge: getrocknete Grillen, die Früchte von zwei Wochen Arbeit im Nebelwaldschutzgebiet. Dann hörte ich ein anschwellendes Rascheln und Rauschen und wusste sofort, was sich da auf mich zubewegte.

Treiberameisen sind wegen ihres spektakulären Verhaltens sehr gut erforscht. Eine große Zahl wissenschaftlicher Veröffentlichungen befasst sich mit ihrer Biologie, besonders aber auch mit ihrer ökologischen Bedeutung für andere Lebewesen in tropischen Regenwäldern. Denn ihre Rolle im Miteinander des Waldes ist wirklich erstaunlich. Um in militärischen Bildern zu bleiben: Jedes menschliche Kriegsheer wurde früher von einer Unmenge von Zivilisten begleitet, die mit den Soldaten ihre Geschäfte machten. Handwerker, Bäcker und Metzger boten Dienstleistungen und Waren an. Es gab Diebe, Schreiber, Schlachtenmaler, Übersetzer und noch viele mehr. Recht ähnlich verhält es sich mit den wandernden

Treiberameisen auf ihren Beutezügen: Sie werden von einem Tross von Lebewesen eskortiert, die alle von den Ameisen profitieren.

Mehr als 50 Jahre lang erforschten die US-Amerikaner Carl und Marian Rettenmeyer[18] Treiberameisen und ihre Schlachtenbummler. Die Wissenschaftler schickten im Lauf der Zeit ein eigenes Heer von Diplomanden und Doktoranden nach Südamerika. Mit jeder Expedition wuchs die Liste von Tierarten, die mit den Treiberameisen in direkter Beziehung stehen. Bis zu seinem Tod im Jahr 2009 trug Carl Rettenmeyer so immer Erstaunliches über seine Studienobjekte zusammen, danach vollendete seine Frau Marian sein Lebenswerk. Insgesamt zählten die beiden 557 Tierarten, deren Schicksal mehr oder weniger stark von *Eciton burchellii* abhängt. In Mittel- und Südamerika wurden über 200 Vogelarten beobachtet, die rund um Treiberameisenheere aufpickten, was die sechsbeinigen Krieger aufscheuchten. Carl Rettenmeyer vermutete, dass 29 dieser Vogelarten den Treiberameisen ständig folgen, also wirkliche Begleiter von *Eciton* geworden sind. Sie sind komplett abhängig davon, dass die Ameisen für sie die aufwendige Arbeit übernehmen, ihre Insektennahrung aus ihren Verstecken aufzuscheuchen. Viele dieser Beutetiere verschanzen sich in der Laubstreu des Waldbodens und kommen erst nachts zum Vorschein – es sei denn, die Ameisen machen ihnen Beine. Ganze Schwärme von Vögeln fressen sich rund um die Beutezüge der Treiberameisen satt, was den Jagderfolg der Ameisen natürlich verringert. Kleptoparasitismus, Schmarotzen durch Diebstahl, nennen Verhaltensforscher die Strategie der Ameisenvögel.

Die biologische Forschungsstation *Otonga* war ein wunderbarer Holzbau, der auf acht dicken, fast mannshohen Pfählen errichtet war. In dem Haus gab es große Räume, unter anderem einen Schlafsaal, in dem Wissenschaftler und Studenten übernachten konnten. Wir waren damals zu fünft in dem Schutzgebiet. Aber ich war auf mich allein gestellt, als ich den Ameisenangriff erwartete. Mir war klar, dass Treiberameisen es nicht auf Säugetiere abgesehen haben, schon gar nicht auf mich, einen ausgewachsenen *Homo sapiens*. Die Insekten sind zwar mit zu großen Scheren geformten Mundwerkzeugen bewaffnet, die bestens dazu geeignet sind, hartschalige Insekten in mundgerechte Stücke zu zerteilen, sie taugen aber absolut nicht dazu, in das Muskelfleisch von Wirbeltieren zu schneiden. Angst hatte ich nur um unsere Vorräte und besonders um die Grillen, die ich mühsam für meine Doktorarbeit gesammelt hatte. Ich beschloss also, mich dem angreifenden Heer entgegenzustellen und die Station gegen die Invasion der Ameisen zu verteidigen.

Treiberameisen werden nicht nur von Ameisenvögeln begleitet. Eine Vielzahl von Schmetterlingen umflattert wiederum die gefiederten Nutznießer der Insekten. Der Kot von Ameisenvögeln ist für viele Schmetterlinge eine nahrhafte und deshalb begehrte Ressource.

Im Umfeld der Ameisenheere suchen Spinnenwespen, Verwandte des Tarantulafalken, nach Spinnen. Parasitische Wespen und Minifliegen legen ihre Eier und Larven auf Insekten, die dem Ameisenheer gerade um Haaresbreite entkommen konnten. Andere Fliegenmaden ernähren sich von denjenigen Opfern, die die Ameisen am Ende liegen lassen – beispielsweise Fröschen, die die

Insekten zwar töten, mit ihren Mundwerkzeugen aber nicht zerkleinern und wegtragen können.

Ich sah mich in der Forschungsstation um. Gab es Waffen, mit denen ich mich dem zu erwartenden Angriff entgegenstellen könnte? Ich entschied mich für einen breiten Besen mit langem Stiel und postierte mich dort, wo einer der acht Pfähle unter dem Hüttenboden verankert war – der Pfahl, der dem sich nähernden Insektenheer am nächsten war. Meine Befürchtung bestätigte sich: Die Treiberameisen erklommen den Pfosten wie sonst einen Urwaldbaum. Durch die Ritzen des Fußbodens drang wie Wasser bei einer Überschwemmung ein Strom aus harten kleinen Leibern. Ich begann zu fegen, so gut und so schnell ich konnte.

Die Liste der Lebewesen, die mit *Eciton burchellii* assoziiert sind, beinhaltet auch wahre Winzlinge: Manche Tiere machen sich zunutze, dass die Treiberameisen für ihre Brut und ihre Königin eine Art Feldlager, ein Biwak, in hohlen Baumstämmen anlegen. *Eciton*-Staaten durchlaufen innerhalb eines Jahres sesshafte Phasen, in denen die Insekten jeden Abend immer in dasselbe Biwak heimkehren. Dann wiederum gibt es Zeiten, in denen Arbeiterinnen wie Nomaden die Ameisenlarven durch den Urwald tragen. Treiberameisen können dabei Hindernisse wie beispielsweise kleine Bäche überwinden, indem sie lebendige Brücken aus Ameisenkörpern bilden.

Jeden Abend richtet der riesige Insektenstaat sich in einem neuen Biwak ein. Solche Unterkünfte sind ein regelrechtes Paradies für Milben. Einige Arten sitzen wie Pickel mit acht Beinen auf den erwachsenen Ameisen und saugen deren Hämolymphe, also das Blut der

Sechsbeiner. Andere parasitieren die Ameisenbrut, und wieder andere machen sich über die Abfälle her, die *Eciton*-Arbeiterinnen auf einer Art Müllkippe direkt neben ihrem Biwak entsorgen. Die deutsche Ameisenforscherin Stefanie Berghoff hat sogar einmal die Milben gezählt, die mit *Eciton burchellii* zusammenleben: Etwa 20 000 Spinnentierchen machen es sich als Untermieter in einem Treiberameisenstaat gemütlich.

Erstaunlich ist auch, wie viele Insektenarten – darunter einige Käfer – mitten im Biwak der insektenfressenden Ameisen ein sehr sicheres Leben führen. Diese Käferarten scheint ein besonderes Verhalten zu einen: Um den Ameisen nicht zum Opfer zu fallen, tarnen sie sich – als Ameise. Sie ähneln in Form und Farbe ihren Wirten, außerdem betrillern sie diese regelmäßig mit ihren Antennen. So klauen die Käfer den Ameisen den typischen *Eciton*-Duft. Die Käfer reiben sich mit diesem Parfum ein und sind nach der Körperpflege auch chemisch maskiert. Die meisten Käfer, die in den Biwaks zu Hause sind, haben zudem extrem glatte und runde Panzer, an denen die Mundwerkzeuge der räuberischen Ameisen abrutschen – für den Fall, dass die Tarnung und das »*Eau de Eciton*« doch mal versagen sollten.

Doch warum begeben sich die wehrlosen Käfer überhaupt in solch eine Gefahr, mitten in die Höhle des Löwen? Die Antwort liegt auf der Hand: Die Hausbesetzer leben quasi im Schlaraffenland. Ein nicht abreißender Strom von Ameisenarbeiterinnen trägt immer neue Nahrung für die Ameisenbrut aus dem Urwald in das Biwak. Die Käfer müssen sich nur bedienen. Und nicht nur das. Solange ihre Tarnung nicht auffliegt, ist das Biwak der Treiberameisen einer der sichersten Orte für einen sonst schutzlosen Käfer. Tausende Ameisensoldatinnen verteidigen ihre Brut und damit unfreiwillig auch die Käfer gegen Angriffe von außen.

Immer mehr Ameisen drangen aus der Lücke zwischen Pfahl und Fußboden. Ich beschleunigte mein Fegen und beförderte die Krabbeltiere wieder dorthin, wo sie hergekommen waren. Doch der Strom nahm einfach nicht ab, sosehr ich mich auch anstrengte. Ich sah die Hütte schon vom Ameisenvolk erobert, weil meine Muskeln allmählich zu brennen begannen. Doch dann die Erlösung – plötzlich ebbte der Strom der kleinen Leiber ab. Die immer spärlicher nachströmenden Eindringlinge machten zudem kehrt, sobald sie den Hüttenboden erreichten. Mein heldenhaftes Fegen schien einen bleibenden Eindruck hinterlassen zu haben.

Das wichtigste Kommunikationsmittel der Ameisen sind Duftstoffe. Die vom Besen attackierten Tiere hatten anscheinend eine chemische Warnung zurückgelassen. »Gefahr! Kommando zurück! Flucht!«

Erschöpft kochte ich mir einen Kaffee und setzte mich einen Moment hin. Niemals würden mir meine Kollegen abnehmen, was ich gerade erlebt hatte. Doch meine Entspannung sollte sich als verfrüht herausstellen. Wenige Minuten, nachdem ich den ersten Angriff abgewehrt hatte, erklommen die Belagerer Stützpfahl Nummer zwei. Ob ich wollte oder nicht, ich musste erneut zu meiner borstigen Waffe greifen und weiterfegen …

Von den 557 Tierarten, die Forscher rund um *Eciton*-Staaten beobachtet haben, sind über 300 – so schätzten Carl Rettenmeyer und sein Team – zumindest teil- und zeitweise auf die Ameisen angewiesen. Die Forscher beschreiben dies als »die größte jemals beschriebene Assoziierung von Tierarten rund um nur eine Spezies«.

»Eciton burchellii in einem beliebigen Habitat auszurotten würde auch das Ende einer Vielzahl anderer Tierarten am selben Ort bedeuten«, mahnen die Autoren der *Eciton*-Studie.

Das Ameisenheer versuchte noch dreimal, in die kleine Forschungsstation einzudringen. Jeder Stützpfahl war für sie ein weiterer vermeintlicher Baum für einen Fressangriff, jedes Mal hieß es für mich: fegen oder mich dem Millionenheer geschlagen geben. Am Ende des Nachmittags, als auch die letzte Ameise mitbekommen hatte, dass Aufgeben für mich keine Option war, lehnte ich mich völlig erschöpft an die Hüttenwand. Ich war erleichtert, dass der Sturm weitergezogen war. Zum Glück hatte ich mir eine Flasche *Aguardiente*, kolumbianischen Schnaps, mit in die *Reserva Otonga* genommen. Ich setzte mich mit der Flasche vor die Hütte, nahm einen großen Schluck und erwartete die Dämmerung. Ich musste an einen Satz aus dem Roman »Hundert Jahre Einsamkeit« des kolumbianischen Literaturnobelpreisträgers Gabriel García Márquez denken:

»Der erste der Sippe wird an einen Baum gebunden, und den letzten werden die Ameisen fressen.«

So lautet die düstere Prophezeiung, die in Márquez' Geschichte den Aufstieg und Fall der Familie Buendía im Urwalddörfchen Macondo vorwegnimmt. Und wirklich, es sind am Ende die Ameisen, die das Schicksal der Familie besiegeln, indem sie ein Neugeborenes töten. Ich hatte das grausame Ende von »Hundert Jahre Einsamkeit« immer als fantastische Übertreibung verstanden und als Metapher dafür, was passiert, wenn man sich gehen lässt. In der *Reserva Otonga* relativierte ich diesen Gedanken. Jetzt verstand ich, warum die Menschen, die in Ecuadors Wäldern leben, um und unter ihren Hütten regelmäßig jede noch so kleine Pflanze entfernen. Das verringert die Wahrscheinlichkeit, unerwünschten tierischen Besuch zu bekommen.

Ich blieb an diesem Abend noch länger auf den Stufen der Forschungsstation sitzen. Denn wie um mich zu entschädigen, sollte mir die Natur ein unvergessliches Schauspiel bereiten. Normalerweise wurde die *Otonga* jeden Morgen von einer Wolke verschluckt und für den Rest des Tages in dichten Nebel gehüllt. Nicht so am Abend der Ameisenattacke. Die Wolken rissen auf und gaben den Blick auf den Andenvulkan Illiniza mit seinen zwei Gipfelkratern frei.

Es mag kitschig klingen, aber just an diesem Abend, dem ersten nebelfreien, seit wir in die *Otonga* aufgestiegen waren, zeigte sich der Vollmond am Himmel. Jetzt, obwohl bereits die Nacht anbrach, war es heller als während der nebelverhangenen Stunden des Tages. Das Mondlicht weckte Zikaden und Vögel, die ich sonst nur tagsüber gehört hatte. Von Baum zu Baum bewegten sich neongrüne Lichtpunkte – Leuchtkäfer in Paarungsstimmung auf Partnersuche. Ich nahm noch einige Schlucke kolumbianisches Feuerwasser.

Anfangs zaghaft, dann immer intensiver wechselte der Mond seine Farbe. Aus seinem Goldgelb wurde nach und nach ein blutiges Rot. Entfaltete der Aguardiente womöglich gerade seine berauschende Wirkung? Nein! Der Wolkenvorhang hatte sich nicht nur geöffnet, mir wurde darüber hinaus eine ganz besondere Aufführung zuteil: eine Eklipse, eine Mondfinsternis, am Sternenhimmel über den Anden.

Die Botaniker schliefen bereits und träumten wahrscheinlich von Orchideen, Moosen und Farnen. Ich nahm noch einen Schluck Aguardiente und war zufrieden, genau an diesem Ort zu sein.

KAPITEL ACHTZEHN

Abschied von San Pablo

Ein ganzes Jahr lang arbeitete ich für meine Doktorarbeit in Ecuador und nahm Tierstimmen in verschiedenen Waldgebieten in den Anden auf. Die meiste Zeit verbrachte ich aber in San Pablo de Kantesiya, am Río Aguarico im Amazonasbecken, denn da war am meisten für mich zu holen. Die Analyse meiner Schallaufnahmen zeigte nämlich ganz eindeutig: Im Tiefland Ecuadors ist die Vielfalt singender Grillen am höchsten; mit zunehmender Höhe des Untersuchungsgebiets wurden es immer weniger Gesänge, die ich registrieren konnte. Wie ich es mir erhofft hatte, spiegelten meine *Soundscape*-Analysen die jeweilige Artenvielfalt der Untersuchungsgebiete wider. Sie bestätigten, was andere Insektenforscher bereits festgestellt hatten. Je höher man in die Berge kommt, desto weniger Insektenarten gibt es zu entdecken.

Es waren vor allem kleine, manchmal winzige Grillen, die nur im Amazonastiefland, nicht aber in den Bergen vorkamen. Auf dem Waldboden in der Laubstreu fand ich weniger als einen Zentimeter kleine Miniaturgrillen mit extrem leisen Gesängen. Ihre Beine waren schwarzweiß gestreift. Anders als die meisten anderen Grillen waren die Winzlinge dadurch kaum zu übersehen, wenn sie über das braune Laub krabbelten. Dafür waren sie aber leicht zu verwechseln: Auf den ersten schnellen Blick ähnelten sie den ebenfalls gestreiften Miniatur-Springspinnen, die in der Laubstreu auf die Jagd gingen. Diese Mimikry genannte Täuschung – also die Fähigkeit mancher Tiere, sich zu schützen, indem sie ein giftiges und wehrhaftes Tier imitieren – ist eine häufige Überlebensstrategie, offensichtlich auch bei manchen tropischen Minigrillen.

Alle Grillen durchlaufen mehrere Larvenstadien. Anders als die Larven der Schmetterlinge, Bienen oder Fliegen ähneln die der Grillen den erwachsenen Tieren. Sie haben zwar noch keine Flügel, mit denen sie wie ihre Väter singen könnten, laufen aber schon auf sechs Beinen und sind auch sonst eindeutig als Grille zu identifizieren. Von Larvenstadium zu Larvenstadium werden sie immer größer. Auf jede erwachsene Grille kommen deshalb zigmal so viele kleine Larven. Schob ich die welken Blätter auf dem Waldboden zur Seite, stoben überall Minigrillen, aber auch Schaben aller Larvenstadien auseinander und suchten ihr Heil in der Flucht. Mein Kollege Klaus Riede nannte dieses Gewusel kleiner Insekten und ihrer noch winzigeren Larven einmal das »Plankton des Waldes«.

Dieser Mikrokosmos ist die Basis eines gewaltigen Nahrungsnetzes. Das Wort »Netz« beschreibt die Beziehungen zwischen Räubern und ihrer Beute viel besser als der gebräuchlichere Ausdruck der »Nahrungskette«. Das Bild von einer linearen Kette, in der eine sehr große Art eine weniger große frisst, die eine mittlere, die wiederum eine kleine, die am Ende eine winzige jagt, führt in die

Irre. Die Verhältnisse in der Natur – insbesondere in einem artenreichen Regenwald – sind wesentlich komplizierter.

Die Miniinsekten, das »Waldplankton«, werden von kleinen und größeren Spinnen, räuberischen Gottesanbeterinnen, Treiberameisen, aber auch von hungrigen Fröschen und Echsen gejagt und verspeist. Die ernähren zwar ihrerseits wiederum eine riesige Vielfalt größerer Jäger, doch die Beziehungen, die das große Nahrungsnetz im Regenwald bilden, sind noch komplexer: Kleine parasitische Fliegen lauern viel größeren Tieren auf, und Wespen überfallen Taranteln. Mücken und Bremsen saugen das Blut großer Säugetiere und enden ihrerseits im Netz von Radnetzspinnen – und das ist nur ein kleiner Ausschnitt aus dem eng geknüpften Nahrungsnetz.

Dabei sind es nicht nur Tiere mit dornigen Mundwerkzeugen, scharfen Zähnen oder spitzen Schnäbeln, vor denen Insekten wie Grillen sich in Acht nehmen müssen. Viele Tiere, ob groß oder klein, werden Opfer von Parasiten mit trickreichen Fortpflanzungsstrategien. Manchmal ist die Gefahr dabei fast unsichtbar: In tropischen Regenwäldern machen sogar Pilze Jagd auf Insekten! Es reicht, dass eine Grille mit den Sporen dieser insektenfressenden Pilze in Kontakt kommt. Aus der Spore wächst der Pilz in den Insektenkörper und bringt dadurch sein ahnungsloses Opfer um. Nun kann sich der Pilz innerhalb des Chitinpanzers breitmachen und verdaut nach und nach das Insekt. Es ist ein wirklich seltsamer Anblick, wenn nach einiger Zeit aus der Insektenleiche der Fruchtkörper des Pilzes herauswächst – inklusive Stiel und Hut!

Manche Raubpilze programmieren das Verhalten ihrer Beute vor deren Ableben regelrecht um: Die Pilzforscher

Harry C. Evans, Simon L. Elliot und David P. Hughes von der Pennsylvania State University beschreiben in einer ihrer Arbeiten[19] eine Gruppe von Pilzen aus den Urwäldern Brasiliens, die sie Zombie-Ameisen-Pilze nennen. Diese Raubpilze dringen so gezielt in die Gehirne von Ameisen vor, dass die Insekten ihr Verhalten komplett ändern und wie Untote im Kinofilm nur noch ein Ziel haben: Wie ferngesteuert verlässt die infizierte Ameise ihr Nest, erklimmt einen jungen Pflanzentrieb in der Nähe und rammt dann ihre Mundwerkzeuge in die Unterseite eines Blattes, etwa dreißig Zentimeter über dem Waldboden. In dieser Position verendet die Ameise, und der Fruchtkörper des Raubpilzes wächst aus ihrem Kopf. Knapp über dem Waldboden, so vermuten die Forscher, ist nicht nur die Luftfeuchtigkeit optimal für den Pilz. Von hier aus kann er auch am effektivsten neue Ameisen infizieren, nämlich dann, wenn sie unterhalb des Blatts auf ihrer Ameisenstraße aus ihrem Nest laufen. Als todbringender Niederschlag regnen die Pilzsporen auf die noch nicht infizierten Insekten hinab.

Auch mein Nachbar Renaldo, der Urwaldkapitän, wusste einiges über tierfressende Pilze zu berichten.

»Ihr Biologen sucht doch laufend nach pflanzlichen Heilmitteln. Ich kenne eine gute Medizin, wenn dein, äh, du weißt schon, äh, nicht mehr stehen will.«

Natürlich weckte er sofort meine Neugier.

»Du gehst in den Wald und erlegst einen Tukan mit dem Blasrohr.« Renaldo machte eine Kunstpause. »Wenn er dann auf den Rücken fällt, wachsen ihm nach einiger Zeit kleine Pilze aus dem Bauch. Die musst du essen!«

»Und«, fragte ich, »hat's bei dir funktioniert?«

»Noch nicht, die Tukane sind bisher immer auf dem Bauch gelandet.«

Je mehr Pflanzenarten ein Wald beheimatet, je mehr Blatt- und Früchtefresser es dort gibt – sowie Waldplankton, das von Pflanzenresten lebt –, je mehr Bausteine ein solches System also beinhaltet, desto widerstandsfähiger ist es gegenüber Störungen von außen. Je diverser ein Lebensraum ist, desto weniger Gefahr besteht, dass beispielsweise eine eingeschleppte Tierart ein Habitat zusammenbrechen lässt. In einem artenreichen Lebensraum gibt es meist eine ganze Armada von Räubern und Parasiten, die eine solche »fremde« Art kontrollieren können.

Ein artenreiches Biotop ist auch wesentlich widerstandsfähiger gegenüber sogenannten »Schädlingen«. Davon können wir Menschen lernen: In einem Regenwald mit Hunderten Baumarten, die über die unterschiedlichsten Abwehrstrategien verfügen, finden pflanzenfressende Insekten vielleicht nur alle 100 Meter eine für sie geeignete Nahrungsquelle. Darüber hinaus bietet so ein Urwald unzählige Nischen für Insekten, Vögel, Reptilien und Säugetiere, die wiederum die Pflanzenfresser kontrollieren. In einer vom Menschen gepflanzten Monokultur, beispielsweise einer Fichtenplantage, ist das anders. Ein warmer Winter und ein zu trockener Sommer reichen, und Insekten wie der Borkenkäfer können eine solche Monokultur regelrecht verwüsten. Und es gibt kaum Räuber, die die Feinde der Förster in die Schranken weisen.

Wir Menschen müssen uns die extrem artenreichen Urwälder zum Vorbild nehmen und den Wert der Vielfalt wiederentdecken. Mancherorts geschieht das bereits: Viele

Forstwirte betreiben heute einen naturnahen Waldbau, der auf Artenvielfalt und standortgerechte Baumsorten Wert legt. Das zahlt sich am Ende für die Natur und auch für den Waldbesitzer aus: Naturnahe Wälder sind nicht nur artenreicher, sie sind auch resistenter gegen den Massenbefall durch Schädlinge. Ähnliche Ideen gibt es auch in der Landwirtschaft. Sogenannte Permakulturen orientieren sich an gesunden Ökosystemen. Sie setzen auf ein Nebeneinander vieler verschiedener Obst- und Gemüsesorten und Nutztiere – mit durchschlagendem Erfolg: Ein solcher Garten bietet zahlreiche Nischen für Pflanzen und Tiere: »Nützlinge« halten »Schädlinge« in Schach. Die Erträge von Permakulturen können deshalb auch ohne den Einsatz von Pestiziden sehr hoch sein.

Doch zurück zur Vielfalt der Grillen im Wald von San Pablo de Kantesiya. Grillenarten, die am Waldboden und unten auf den Baumstämmen sangen, konnte ich einfach fangen. Nach einiger Zeit kamen leider keine neuen, mir unbekannten Arten hinzu, sosehr ich auch suchte. Anscheinend hatte ich die Grillenfauna des Waldbodens annähernd komplett erfasst. Sorgen bereiteten mir allerdings die Gesänge, die aus den Baumkronen in über 25 Metern Höhe zu mir herabschallten. Wie sollte ich die dort oben lebenden Grillen nur fangen?

Ich ging das Problem von verschiedenen Seiten an. Mit Javier, der mich schon auf der Suche nach *Galidacris* begleitet hatte, suchte ich nach einem geeigneten Ort, um in das Kronendach des Regenwalds vorzudringen. Wir fanden zwei Bäume, die knapp einen Meter weit voneinander in die Höhe gewachsen waren. Die beiden Stämme funktionierten wir in eine Leiter um. Als Leitersprossen dienten stabile Äste, die wir an den Bäumen festnagelten. Oben in der Baumkrone zimmerte Javier mir eine Plattform für meine Arbeiten.

Am Abend erklomm ich meine Forschungsplattform 20 Meter über dem Regenwaldboden. Mit der Dämmerung setzte das Grillenkonzert ein. Mir gelangen zwar wunderbare Aufnahmen vieler Baumkronenbewohner, die dazugehörenden Sänger selbst blieben aber allesamt außerhalb meiner Reichweite – die Plattform war viel zu klein.

Ich wollte gerade aufgeben, hinabsteigen und den Heimweg antreten, da knackten und raschelten die Ästchen am Rand der Baumkrone. Ich schaltete meine Stirnlampe an. Im Licht der Lampe funkelten mich zwei gelbe Edelsteine an – die überdimensionierten Augen eines neugierigen Nachtaffen, die mich fixierten und das Licht der Stirnlampe reflektierten. Das Tier näherte sich ohne Scheu und inspizierte das eigenartige Bauwerk in seinem Revier. Der nächtliche Besucher hatte die Ruhe weg. Nach zwanzig, dreißig Sekunden, in denen wir uns anstarrten, verschwand der Affe in der Dunkelheit. Ich beschloss, noch etwas zu bleiben.

Mit einem Mal blitzte ein helles Licht auf. Der Schreck fuhr mir in die Glieder. Wem gehörte diese gelblich-grün strahlende Taschenlampe? Hoffentlich keinem bewaffneten *Siona-Secoya* auf Affenjagd, dachte ich, schaltete meine Stirnlampe ein und räusperte mich lautstark, um mich als Mensch bemerkbar zu machen.

Das Licht flog direkt auf mich zu.

Ein fingerlanger leuchtender Käfer landete, angelockt von meiner Lampe, direkt neben mir. Das war kein Glühwürmchen, wie man sie von uns aus Europa kennt. Das große Insekt strahlte sein gelbliches Licht mit gleich drei Leuchtorganen ab, zwei auf seinem Rücken, ein weiteres auf seiner Bauchseite. Ich hatte einen Weltrekordler vor mir: Der Schnellkäfer *Pyrophorus noctilucus* hat es in das Buch der Insektenrekorde[20] der University of Florida geschafft – als das am hellsten leuchtende Insekt überhaupt. Anders als viele tropische Glühwürmchen, die mit ihren Leuchtorganen blinken, strahlen *Pyrophorus*-Käfer pausenlos Licht ab. *Pyrophorus* leuchtet dank seiner drei Lampen nicht nur in alle Richtungen, der Käfer kann darüber hinaus die Intensität seiner Laternen steuern. Nähert sich ein potenzieller Feind, dreht der Käfer an einem inneren Dimmer, und das Leuchten wird noch heller als zuvor. Vermutlich betreibt *Pyrophorus* seine Lightshow, um Räubern wie Fledermäusen zu signalisieren, dass sie besser nicht zuschnappen. Denn Schnellkäfer sind kein schmackhaftes Nachtmahl, sondern dank überaus garstiger Inhaltsstoffe eine eher bittere Pille.

Licht war auch für mich die Lösung meines Problems, an die Grillen des Kronendachs heranzukommen. Aus Deutschland hatte ich eine stabförmige Lampe mitgebracht. In Poza Honda, dem kleinen Marktfleckchen am Río Aguarico, kaufte ich mir eine Autobatterie. Abends schleppte ich meine neue Stromquelle in den Urwald, hievte sie auf meine Plattform und schloss die Stablampe an den beiden Polen der Batterie an. Sie strahlte bläulich und erinnerte in meiner Hand an ein Leuchtschwert aus »Krieg der Sterne«.

Zwischen zwei Ästen spannte ich ein weißes Bettlaken auf, das im Lampenschein erstrahlte. Nun musste ich nur noch warten. Nach und nach kamen immer mehr nachtaktive Insekten herangeflogen. Die Lichtfalle zog überwiegend Nachtfalter an: von der kleinsten Motte bis zu Pfauenspinnern mit über 20 Zentimetern Flügelspannweite. Es stellten sich aber auch flugfähige Riesenkakerlaken, nachtaktive Wespen, Zikaden und räuberische Kamelhalsfliegen ein. Und zu meinem Glück auch flugtüchtige Grillen, die ich einsammelte, in Plastikbecher mit perforiertem Deckel verfrachtete und in meine Hütte trug. Becher um Becher reihte ich neben meinem Schlaflager auf. Ging ich zu Bett, legte ich meinen DAT-Recorder neben mein Kopfkissen.

Ab und an weckte mich mitten in der Nacht ein Zirpen.

»*Crii Crii Crii.*«

Ich tastete dann nach dem Aufnahmegerät, setzte den Kopfhörer auf und startete die Aufnahme. Ich ließ das Mikrofon von Grillenbecher zu Grillenbecher wandern.

»*Crii Crii Crii.*«

Zeigte das Mikrofon auf den richtigen Becher, wurde das Zirpen im Kopfhörer lauter. Dann stellte sich jedes Mal ein Glücksmoment ein, hatte ich doch einen weiteren Gesang einer Grillenart zugeordnet – und somit ein weiteres Kapitel für meine Doktorarbeit.

Im Laufe der Zeit identifizierte ich über 40 verschiedene singende Grillenarten auf einem Untersuchungsgebiet der Größe von zwei, drei Fußballfeldern. Darunter waren noch lautere und damit noch schlafraubendere Grillen als *Anurogryllus* vom Fußballplatz.

Die meisten Arten allerdings waren klein, sangen glockenhell und bewohnten das durchgehende Kronendach des Waldes: Sogenannte Schwertschwanz-Grillen oder *Trigonidiinae* sind die artenreichste Grillengruppe im amazonischen Tiefland. Ihren Namen haben die Schwertschwanz-Grillen den erwachsenen Weibchen zu verdanken. Sie tragen an ihrem Hinterleib einen säbelförmigen Fortsatz. Mit diesem Werkzeug durchstoßen die Grillenweibchen dünne Triebe der Bäume, Büsche und Epiphyten. In das so gestochene Loch legen die Insekten dann ihre Eier. Anders als die meisten anderen Grillen, die ihre Eier in den feuchten Waldboden bohren, sind die Schwertschwanz-Grillen damit perfekt an das Leben in den Baumkronen angepasst.

Natürlich habe ich mich ab und an gefragt, ob ich wohl Monate in Ecuadors Regenwald verbracht habe, um lediglich dabei zu helfen, unnützes Wissen anzuhäufen. Aber nein, ich denke nicht. Ich habe einige neue Grillenarten und -gattungen entdeckt. Eine davon, eine Spinnengrille, trägt seitdem sogar – meinem Doktorvater Martin Dambach zu Ehren – den Namen *Dambachia eritheles*.

Nun gut, ein paar neue Grillenarten sind nichts Besonderes, das interessiert nur ein paar Fachleute. Von größerer Bedeutung ist aber ein anderes Ergebnis: Obwohl so viele Grillenarten in »meinem« Wald zusammenleben, war so gut wie kein arttypischer Gesang völlig identisch mit dem einer anderen Art. Die vielen Sänger teilten sich ihren Kommunikationskanal, den Schallraum, perfekt auf. Ihre Lockgesänge unterschieden sich mindestens in ihrer Frequenz oder im Rhythmus, in dem sie ihre Schallpulse erzeugten. Jede Art besetzte damit eine eigene akustische Nische.

Doch wie so oft bestätigte auch in diesem Fall eine Ausnahme die Regel. Die Lockgesänge zweier Schwertschwanz-Grillen waren nicht voneinander zu unterscheiden. Die beiden Arten singen mit identischer Trägerfrequenz und Flügelschlagrate. Allerdings ist die eine in der Nacht aktiv, während die andere tagsüber um Weibchen wirbt. Durch diese zeitliche Einnischung vermeiden aber auch diese beiden Arten Missverständnisse beim Anlocken ihrer Sexpartner. Sie betreten niemals gleichzeitig die Bühne im großen Regenwald-Opernhaus.

Hier können Sie den Gesang einer der Schwertschwanzgrillen hören:

oder: www.ludwig-verlag/fiese-Tiere

Die Grillen im Wald von San Pablo bestätigten, was auch andere Untersuchungen in tropischen Regenwäldern zeigen: Die Bewohner dieser Lebensräume sind extrem spezialisiert und besetzen kleinste Nischen. So teilen sich enorm viele Arten die vorhandenen Ressourcen, egal ob es sich dabei um Nahrung oder den akustischen Kommunikationskanal handelt.

Nirgends wird man ein vielfältigeres Orchester zu hören bekommen als in den Regenwäldern der Tropen. Bleibt zu hoffen, dass noch viele Generationen von Menschen die Chance bekommen, einem Konzert in der gigantischen Dschungeloper zu lauschen.

Nachdem ich dreimal zwischen Deutschland und Ecuador hin- und hergependelt und am Ende Dutzende Nächte in San Pablos Wald Grillen hinterhergestiegen war, hieß es Abschied nehmen von den *Siona-Secoya*. Ich verschenkte meine Moskitonetze, die Autobatterie, meine Werkzeuge und die Malariatabletten, verpackte meine Fänge und trat die Rückreise ins novemberlich nasskalte Köln an.

Heute – 25 Jahre später – führt eine Straße bis in den Dschungelort San Pablo de Kantesiya, viele der Einwohner knattern mit Enduro-Motorrädern durch die Gegend, hat man mir erzählt. Warum auch nicht? Auch *Indigenas* am Amazonas sollen dieselben eigenartigen Dinge tun, wie die Menschen im Rest der Welt: zum Beispiel mit dem Motorrad durch die Natur brettern. Ich allerdings wollte meine Erinnerungen an das Urwalddorf bewahren. Ich war zwar noch einige Male in Ecuador, jedoch nie wieder in San Pablo de Kantesiya am wunderbaren Río Aguarico.

DRITTER TEIL

Rettet die Vielfalt

KAPITEL NEUNZEHN

Vom Schädling zum Schützling

Östlich der niederländischen Stadt Maastricht, unweit der Grenze zu Deutschland, gibt es ein großes Haferfeld, das mehr an einen Hochsicherheitstrakt als ein landwirtschaftliches Idyll erinnert. Das Feld ist nicht nur komplett eingezäunt, der Zaun wird zudem ständig unter Strom gehalten. Das soll ungebetene Gäste abhalten. Auf dem Acker haben Biologen kleine Kameras verteilt, um zu überwachen, wer oder was dort herumläuft. Steht man das erste Mal vor dem Elektrozaun, könnte man vermuten, hier würde eine umstrittene genmanipulierte Getreidesorte getestet und müsste gegen radikale Umweltaktivisten verteidigt werden.

Doch mit solchen Gedanken ist man auf dem Holzweg. Stattdessen dienen Elektrozaun und Überwachungskameras dem Schutz eines Nagetiers. Eines Nagers, der bis in die 1970er-Jahre noch als Erzfeind der Bauern galt. Er war so verhasst, dass Jäger ihm mit Fallen nachstellten und seine Bauten ausräucherten. Das Hochsicherheitsfeld war, ich mochte es kaum glauben, ein Reservat für den Feldhamster. Wie konnte so ein kleines Tierchen in nur wenigen Jahrzehnten eine derart erstaunliche Karriere hinlegen – von der bösen Plage zur geschützten Art?

Zum Hochsicherheitsreservat in den Niederlanden hatte mich im Jahr 2012 mein damals noch recht neuer Beruf geführt. Nach der Doktorarbeit stand ich vor einer schwierigen Entscheidung. Sollte ich an der Uni bleiben oder mich in die echte, die nicht-akademische Welt wagen? Am Ende wurde ich Journalist und Dokumentarfilmer. Und ich hatte Glück: Ich fand in der Medienlandschaft meine Nische, in der ich den Themen treu bleiben konnte, die mich seit meinen Kindertagen nicht losgelassen hatten: meine Liebe zur Natur, mein Interesse an Tieren und ihrem Verhalten. Schließlich war es ja auch das Fernsehen gewesen, das diese Liebe bei mir geweckt hatte. Zu meinen frühesten Fernseherinnerungen gehört die Sendung »Ein Platz für Tiere« von Bernhard Grzimek. Viele Male bin ich mit dem Biologen, Zoodirektor und Filmemacher in Gedanken in die Serengeti gereist und habe mit ihm aus der Luft Gnus und Zebras gezählt.

Als ich etwas älter wurde, war es der Ökojournalist Horst Stern, dem meine Bewunderung galt. Bis heute habe ich einen Film nicht vergessen, den er zusammen mit dem früheren Kölner Zoodirektor Ernst Kullmann gedreht hatte und der damals das Image einer ganzen Tiergruppe zum Positiven veränderte:

Im Jahr 1975 saß meine ganze Familie vor dem Fernseher, als bei »Sterns Stunde« die Folge »Leben am seidenen Faden – Bemerkungen über die Spinne« begann. Meine Mutter und ich starrten fasziniert auf den Bildschirm. So etwas hatte sich vor dem genialen Horst Stern noch niemand getraut: ein Tierfilm einzig und allein über Spinnen. Ganz ohne putzige, gefiederte oder flauschigpelzige Tierbabys und auch ohne majestätische Löwen oder Elefanten.

Stern und Kullmann nutzten modernste Kameratechnik, um ihre achtbeinigen Protagonisten so in Szene zu setzen, wie sie kaum einer ihrer Zuschauer jemals zuvor gesehen hatte. Bildfüllend erschienen Web- und Springspinnen auf der Mattscheibe unseres ersten Farbfernsehgeräts. Manche Spinnenart wirkte in Großaufnahme eher wie ein sympathischer Clown mit vier riesigen Augen als wie ein lebender Albtraum für Arachnophobiker, Menschen mit Angst vor Spinnen. Die Filmemacher erzählten zudem ganz erstaunliche Geschichten. Sie berichteten von der bei uns heimischen Wasserspinne, die in Tümpeln auf Beutefang geht und sich mit ihren Spinnfäden kleine Taucherglocken webt, um unter Wasser ihre Beute – aquatisch lebende Gliedertiere – zu verspeisen. Stern und Kullmann filmten ein Männchen der Raubspinne *Pisaura mirabilis*, das vor der Paarung eine Fliege fängt und seinem wesentlich größeren Weibchen als Brautgeschenk überreicht – ein überlebenswichtiges Präsent: Die Auserwählte, eine *Femme fatale* mit acht Beinen, verzehrt so die Fliege und nicht den Freier, während dieser das Spinnenweibchen begattet.

Die Wirkung des Films »Leben am seidenen Faden« auf meine Familie war enorm und läutete bei uns zu Hause einen Wandel ein: Vor dem Fernsehabend waren Spinnen, die sich in unsere Wohnung verirrten, gnadenlos mit dem Staubsauger beseitigt worden. Nach Sterns Meisterwerk trug meine Mutter jeden tierischen Besucher – ob Spinne oder Insekt – eigenhändig über die Terrasse in den Garten. »Sterns Stunde« über die Spinnen war für unsere Familie wahrlich eine Sternstunde.

Eine ähnliche inspirierende Wirkung hatte ein französischer Dokumentarfilm von Marie Pérennou und Claude Nuridsany aus dem Jahr 1996 auf mich. »Mikrokosmos – Das Volk der Gräser« entführt seine Zuschauer auf eine Sommerwiese. Auch hier machen unfassbar schöne Makroaufnahmen aus kleinen Gliedertieren faszinierende Protagonisten: Ameisen, die Blattläuse melken, Raupen, die im Akkord Blätter vertilgen, und Käfer, die von Regentropfen bombardiert und durchgeschüttelt werden. Die beiden Filmemacher erzählen mit ihren Spezialkameras ein zweites Mal, was Jean-Henri Fabre etwa hundert Jahre zuvor so sprachgewandt zu Papier gebracht hatte. Nur, und das war das Besondere: »Mikrokosmos« kommt ganz ohne Worte aus. Er verzichtet komplett auf einen Kommentarsprecher. Stattdessen darf man sich zurücklehnen, einen Sommertag genießen und dabei entdecken, was um einen herum so krabbelt und durch die Luft schwirrt.

Vorbilder hatte ich also genug, und nach einigen Umwegen machte nun auch ich meine ersten Fernsehbeiträge über Wissenschafts- und Umweltthemen, am liebsten aber über Tiere. Diese Metamorphose vom Schaben- und Grillenforscher zum Fernsehmacher hatte mich in die Niederlande und dort in das eigenartige Getreidefeld geführt.

Neben mir stand der Biologe Gerard Müskens. Er war der Initiator des Hochsicherheitsfelds, des Hamsterreservats. Müskens, Mitarbeiter des Alterra Instituts für Naturschutz, war so etwas wie der oberste Hamsterschützer der Niederlande. Der Biologe erklärte mir, dass im Umland von Maastricht Bauern dafür bezahlt werden, einen

Teil ihrer Getreidefelder im Spätsommer gar nicht abzuernten, sondern den Hafer und Weizen bis in den Herbst hinein einfach stehen zu lassen – alles für die kleinen Hamster, die lange Zeit so gnadenlos verfolgt worden waren.

Noch vor wenigen Jahrzehnten wäre es undenkbar gewesen, Feldhamster zu schützen – im Gegenteil: Ihr großer Appetit auf Getreide und Rüben machte die Nagetiere wie bereits erwähnt zu Feinden der Bauern. In Deutschland, Belgien, Frankreich und den Niederlanden gab es sogar professionelle Hamsterjäger. Für abgelieferte Felle zahlten die Behörden sogar Prämien. Millionen Hamsterfelle wurden zu Mänteln und Decken verarbeitet. Zusätzlich zu ihrem Lohn durften die Jäger das Getreide einsacken, das die Nagetiere in ihrem Bau als Wintervorrat gehortet hatten. In der DDR wurden Feldhamster noch bis in die 1980er-Jahre hinein in Fallen gefangen und getötet.

Es war aber nicht diese gnadenlose Jagd alleine, die den einstigen Schädling zum heute streng geschützten Tier machte – inklusive des offiziellen Status »vom Aussterben bedroht«.

»Wenn man nichts für den Feldhamster tut«, erklärte mir Gerard Müskens, »wird er verschwinden.« Das hat zwei Hauptgründe, beide haben mit Veränderungen innerhalb der Landwirtschaft zu tun: Getreidefelder, das Lieblingshabitat des Hamsters, werden immer seltener, weil stattdessen der Mais auf dem Vormarsch ist. Doch mit Maisfeldern können die Nager nichts anfangen. Aber auch da, wo noch Weizen oder Hafer wächst, wird es eng für die Tiere. Die Felder werden immer zeitiger im Sommer abgeerntet. Bereits im August liegen die Äcker brach.

Den Tieren fehlt dann jede Deckung, weil auch die Brachflächen an den Feldrainen verschwinden. Immer effizienter wird die moderne Landwirtschaft, kaum eine Fläche bleibt ungenutzt. Feldhamster werden so im Spätsommer zur leichten Beute für Füchse, Marder, Bussarde und andere Raubvögel, noch bevor sie ihren Nachwuchs großziehen können. Darum wurde der Feldhamster in so kurzer Zeit von der Plage zur streng geschützten Seltenheit.

Auf den Feldern im Hamsterreservat hingegen finden die Tiere bis in den Herbst, wenn sie sich auf den Winterschlaf vorbereiten, Nahrung und Deckung. Auch der Nagernachwuchs genießt ausreichend Schutz, um sicher heranzuwachsen. Der Elektrozaun um das Reservat tut ein Übriges: Er hält streunende Katzen und Füchse fern.

Aber warum betreiben die Niederländer überhaupt so einen Aufwand, um die letzten Feldhamster zu retten? Die Antwort ist: Weil sie dazu verdonnert werden.

In den Niederlanden war der Hamster Ende der 1990er fast ausgestorben. Das Land wurde von der Europäischen Union verwarnt, die inzwischen geschützte Art zu erhalten. Die Niederlande mussten handeln, ansonsten drohte eine Millionenstrafe von der EU. Gerard Müskens und seine Kollegen ließen die letzten niederländischen Hamster einfangen und im »GaiaZOO« der Stadt Kerkrade in Sicherheit bringen. Dort sollten sich die Tiere von Räubern ungestört vermehren. Anfangs wussten die Naturschützer allerdings noch wenig darüber, wie man die Nagetiere erfolgreich züchtet. Wie mit Nachwuchs gesegneter Hamstersex funktioniert, mussten sie erst noch lernen.

»Im ganzen Land existierten nur vierzehn original niederländische Feldhamster«, erinnerte sich Müskens. »Die Hamster waren also sehr wertvoll, und wir durften kein einziges Tier verlieren.« Also hat man damals Tiere aus Tschechien geholt, mit denen die Holländer das Züchten üben konnten.

Gerard Müskens nahm mich mit in den Zoo von Kerkrade, ins Feldhamster-Zuchtzentrum. In einer gut 20 Meter langen Halle reihten sich die Wohnkisten der Nager. Jedes Tier bewohnte seine eigene Box, denn Hamster sind von Natur aus Einzelgänger. Nur zur Paarungszeit verbanden die Hamsterzüchter die Wohnkisten jeweils eines Männchens und eines Weibchens und hofften, dass die Hamsterdame dann auch in Stimmung ist. Wenn nicht, kann es passieren, dass die Tiere sich in der engen Behausung gegenseitig totbeißen.

Ist die Paarung aber erfolgreich gewesen und der Nagernachwuchs schließlich erwachsen, geht er auf die Reise ins Hamsterreservat. Einige Tiere machen vorher allerdings noch Station bei einer Tierärztin – auf dem OP-Tisch. Sie bekommen einen Sender in ihre Bauchhöhle verpflanzt; ein kleiner Eingriff, der den Hamstern nicht schadet. Der Sender reagiert auf Körperwärme, und solange der Nager lebt, funkt er: »Hamster wohlauf.« Wird das Tier aber von einem Raubtier verspeist, bleibt der Sender zurück und ändert sein Signal: »Exitus!« Mindestens die Hälfte aller ausgesetzten Hamster muss das erste Jahr in der Natur überleben, sonst ist die ganze Mühe umsonst.

All diese Maßnahmen kosten den niederländischen Staat einiges: 1,4 Millionen Euro Jahr um Jahr – für den einst so verhassten Schädling. Immerhin scheinen sich die

Mühen zu lohnen. Über tausend Hamster leben mittlerweile in den Hamsterschutzgebieten. Und sie ziehen dort inzwischen ganz ohne Nachhilfe durch Naturschützer ihren Nachwuchs groß. Aber eine Millionensumme ausgeben und Felder nicht mehr abernten – für ein Nagetier? Das erscheint doch ein wenig verrückt.

Andererseits zeigt das Aussterben des Feldhamsters auch sehr deutlich, wie dramatisch sich unsere Welt – insbesondere die Landwirtschaft – verändert hat. Würden wir mit einer Zeitmaschine nur 60 Jahre in die Vergangenheit zurückgeschickt, wir fänden uns in einer komplett anderen Landschaft wieder. In einer, die nicht nur für den Feldhamster, sondern auch viele andere – oft unscheinbare – Tiere eine wesentlich bessere war. Nicht nur dass das Getreide länger auf den Äckern stand, die Felder wurden begrenzt von Wiesenstreifen, die im Spätsommer nach der Ernte nicht nur den Feldhamstern Schutz und Nahrung boten. Dort saugten sich Schmetterlinge mit Nektar voll, fanden zig Wildbienenarten Nahrung, und Vögel schnappten sich Insekten für ihre Brut. Das Land war ein wesentlich abwechslungsreicheres Mosaik aus Getreide- und Gemüsefeldern, Wiesen, Hecken und Brachflächen als die heutige, an eine Steppe erinnernde Agrarlandschaft.

Als ich im Sommer des Jahres 2018 für eine Fernsehdokumentation durch das Oberrheintal fuhr, erstreckten sich auf beiden Seiten der Straße ausschließlich Maisfelder. So also sah das angeblich überaus malerische Elsass aus: eine riesige, nicht enden wollende Monokultur aus Mais – Treibstoff für Biogasanlagen und Futter für Schweinefabriken. Es ist kein Wunder, dass der Hamster auch im

Elsass inzwischen fast ausgestorben ist – und mit ihm eine Vielzahl anderer Feld- und Wiesenbewohner.

Das alles erklärt aber noch nicht, warum man gerade dem Feldhamster in den Niederlanden, aber auch in Deutschland, wo es ähnliche Schutzprogramme gibt, so massiv hilft. Vielleicht hat der Nager einfach nur das Glück, dass er einen kleineren putzigen Verwandten hat, der bei vielen Familien als Haustier lebt, den Goldhamster. Das macht es sicher einfacher, für die gefährdeten Feldhamster bei EU-Beamten und Politikern eine Lobby zu finden.

Zudem nützt das holländische Hochsicherheitsfeld nicht allein dem Feldhamster. Es ist auch für andere bedrohte Arten ein Rückzugsort. Feldlerchen beispielsweise stiegen früher zu Tausenden singend über den Äckern Europas auf. Heute hört man sie immer seltener. In Müskens' Hamster-Haferfeld haben sie einen Lebensraum gefunden. Die Kornweihe, ein habichtartiger Greifvogel, jagt dort, und Feldhasen ziehen in dem Gebiet ihre Jungen groß. Um nur drei von sehr vielen Profiteuren des Hamsterreservats zu nennen. Die Millionen Euro für ein schnödes Nagetier scheinen somit ganz gut angelegt, weil sie auch anderen Arten zugutekommen.

Viel schwerer als Gerard Müskens haben es Naturschützer, denen der Fortbestand weniger putziger Kreaturen am Herzen liegt. Lebewesen, die weniger Emotionen oder gar Mitleid entfachen und um die sich auch keine Kommission der Europäischen Union kümmert – etwa der Kratzdistelrüssler, die Gemeine Stinkwanze oder der Dukatenfalter und alle anderen Insekten (aber auch Schnecken, Quallen, Fadenwürmer und viele mehr).

Dabei haben die letzten Jahre gezeigt: Nicht nur einzelne Arten wie Nashörner, Tiger, Orang-Utans und Feldhamster sind in Gefahr. Wir befinden uns inmitten einer gewaltigen Aussterbewelle, die fast jede Tiergruppe betrifft. Hier nur einige Beispiele:

- Frösche sterben weltweit an Pilzerkrankungen, die sich mit dem Menschen bis in abgelegenste Gegenden verbreiten.
- Vom Menschen nach Europa eingeführte amerikanische Flusskrebse verdrängen fast alle europäischen Süßwasserkrebse.
- Die Zahl der Vögel, selbst einstiger Allerweltsarten, nimmt in Europa seit Jahren rapide ab.
- 70 von etwa 500 Haiarten weltweit sind vom Aussterben bedroht, weil Dutzende Millionen der Raubfische als Beifang in den Netzen der Fischtrawler verenden.
- 90 Prozent der Wälder Madagaskars wurden inzwischen abgeholzt. Damit ist auch die einzigartige Tierwelt der Insel in Gefahr. 23 der etwa 100 Lemurenarten – Halbaffen, die es nur auf Madagaskar gibt – sind mindestens stark gefährdet, wenn nicht sogar vom Aussterben bedroht.
- Im Mai 2019 schlägt ein Bericht der in Bonn ansässigen UN-Organisation IPBES Alarm. Geschätzte 500 000 bis 1 000 000 Arten stünden vor der Ausrottung. Die Hauptgründe seien Landwirtschaft, Abholzung der Wälder, Fischerei, Jagd und der Klimawandel.[21]

Diese Liste ließe sich leicht fortsetzen. Und natürlich macht das große Sterben auch nicht vor der artenreichsten aller Tiergruppen halt: vor den Käfern, Wanzen, Schrecken, Bienen und Libellen, also vor den Insekten. Die Situation scheint so dramatisch, dass für das Verschwinden der Kerbtiere ein eigenes Wort erfunden wurde: das »Insektensterben«.

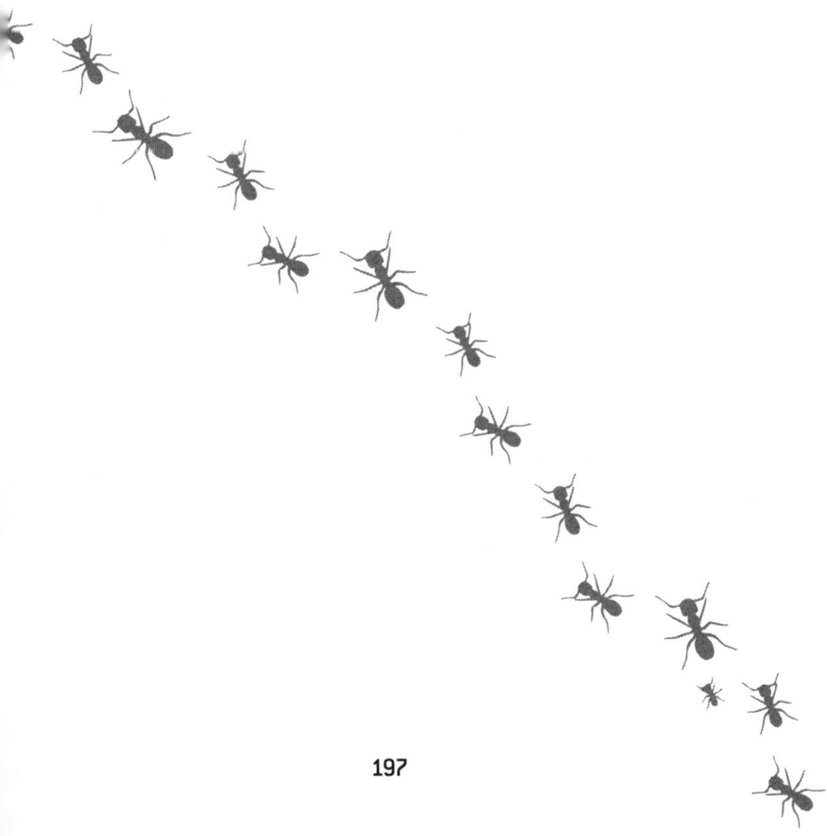

KAPITEL ZWANZIG

Das stille Land

Es ist verrückt. Im Jahr 1962, also schon vor bald 60 Jahren, schrieb die US-Amerikanerin Rachel Carson ein Buch, das eine ganze Generation aufrüttelte und zu einer Art Bibel der Umweltbewegung wurde. Das Buch bewegte viele Leser, und einiges wandelte sich tatsächlich zum Besseren. Und dennoch: Rachel Carsons schlimmste Prophezeiungen werden heute mancherorts allem Umweltbewusstsein zum Trotz bittere Realität.

In ihrem Bestseller »Der stumme Frühling« malt sich Carson eine beispielhafte Stadt in den USA in einer nahen Zukunft aus, in der die Menschen die Natur komplett unterjocht, mit Insektiziden traktiert und jedes wilde Leben ausgelöscht haben. Es ist eine stumme Welt, eine Welt ohne Tierstimmen:

»Über allem lag der Schatten des Todes … Es herrschte eine ungewöhnliche Stille. Wohin waren die Vögel verschwunden? Viele Menschen fragten es sich, sie sprachen darüber und waren beunruhigt. Die Futterstellen im Garten hinterm Haus blieben leer. Die wenigen Vögel, die sich noch irgendwo blicken ließen, waren dem Tode nah; sie zitterten heftig und konnten nicht mehr fliegen. Es war ein Frühling ohne Stimmen. Einst hatte in der frühen Morgendämmerung die Luft widergehallt vom Chor der Wander- und Katzendrosseln, der Tauben, Häher und Zaunkönige und unzähliger anderer Vogelstimmen, jetzt hörte

man keinen Laut mehr; Schweigen lag über Feldern, Sumpf und Wald.«

Aus heutiger Zeit betrachtet mag Rachel Carsons Mahnung ein wenig wie kitschige Untergangsromantik anmuten. Man darf aber nicht vergessen, dass in den frühen 1970ern das Wissen um ökologische Zusammenhänge noch nicht so geläufig war wie heute. Rachel Carson wollte diese Erkenntnisse in breitere Gesellschaftsschichten tragen – und sie wollte etwas verändern. Der massive Einsatz von Insektiziden in der Landwirtschaft bereitete der Biologin und Schriftstellerin Sorgen, insbesondere der der Chemikalie Dichlordiphenyltrichlorethan, kurz DDT.

DDT, das legten Untersuchungen von Ornithologen nah, schien dafür verantwortlich zu sein, dass die Bestände einiger Vogelarten stark zurückgingen. Wo DDT gespritzt wurde, starben die Vögel entweder direkt, oder sie wurden unfruchtbar und vermehrten sich nicht mehr. Spuren des Insektizids ließen sich sowohl in den Eierstöcken der Vogelweibchen als auch in den Hoden der Männchen nachweisen. Das Vogelsterben durch DDT traf viele Arten – vom majestätischen Weißkopfseeadler, dem Wappenvogel der USA, bis zur nordamerikanischen Wanderdrossel, einem hübschen, rotbauchigen Vogel, der den größten Teil seiner Zeit damit verbringt, den Boden nach Regenwürmern abzusuchen.

»Schon die geringe Anzahl von elf Regenwürmern kann auf eine Wanderdrossel eine tödliche Dosis DDT übertragen. Elf Würmer sind aber nur ein kleiner Teil der Tagesration eines Vogels …«

Carsons Mahnungen hatten Erfolg. DDT wurde als Insektizid verboten. Und nicht nur das. In den USA und

Europa formierte sich eine Ökobewegung, die sich den Schutz der Umwelt auf ihre Fahnen schrieb. Und vieles wurde auch wirklich besser. Aus heutiger Sicht erscheint es beispielsweise fast unglaublich, dass es bis in die 1970er-Jahre hinein keine biologischen Klärstufen in den meisten Kläranlagen gab. Überall wurden die Flüsse mit nährstoffreichen Fäkalien aus den Toiletten der Menschen geradezu überschwemmt. Die Fließgewässer degenerierten zu überdüngten Abwasserkanälen. Der Rhein, der Fluss meiner Heimat, drohte jeden Sommer umzukippen: Die vielen Nährstoffe ließen Algen wuchern. Wenn sie abstarben und sich auf dem Flussboden sammelten, sank der Sauerstoffgehalt des Stroms, Fische und Kleinstorganismen starben. Der Rhein war eine eklige Kloake. Doch diese Entwicklung wurde nicht nur aufgehalten, sondern sogar rückgängig gemacht! Auch wenn nicht alles perfekt ist – unseren Flüssen geht es dank moderner Kläranlagen inzwischen wieder weitaus besser als zur Zeit meiner Kindheit, als es unvorstellbar erschien, auch nur eine Zehe in die stinkende Rheinbrühe zu tauchen.

Das Verbot von DDT verschaffte auch den Vögeln eine Verschnaufpause. Außerdem führte das steigende ökologische Bewusstsein dazu, dass vielerorts Naturschutzgebiete entstanden, Tiere und Pflanzen sollten ihre Nischen auch in den Industrieländern behalten. Vieles schien auf allerbestem Wege.

Und dennoch: Rachel Carson hat leider recht behalten, mancherorts ist es heute verdammt still geworden.

Die Feldlerche beispielsweise war jahrzehntelang einer der häufigsten Vögel bei uns in Deutschland. Im Frühjahr konnte man die Lerchenmännchen überall über Feldern,

Heiden und Wiesen laut singend aufsteigen sehen. Immer wieder stürzten sie sich trillernd in Richtung Boden – ein fantastisches Balzritual, das landauf, landab den Frühling einläutete. Doch der einstige Allerweltsvogel verschwindet inzwischen in ganz Deutschland. Und wo er geht, wird der Frühling stummer – so wie von Rachel Carson prophezeit. Zwischen den Jahren 1990 und 2015 ging die Zahl der Lerchen in Deutschland um 38 Prozent zurück. Mehr als jedes dritte Brutpaar ist damit einfach von der Bühne der Natur verschwunden.

Die Feldlerche steht damit nicht allein, sondern für einen generellen Trend. Es sind vor allem die einst individuenreichen Vogelarten, deren Bestände rapide einbrechen. Das zeigte im Jahr 2015 eine Studie des Briten Richard Inger[22], der Zählungen von 520 Vogelarten aus 52 europäischen Ländern auswertete. Das erstaunliche Ergebnis: Die Zahlen der eigentlich häufigen Arten rauschen regelrecht in den Keller, während manche seltenen Vögel sich zumindest mancherorts wieder so stark vermehren, dass man fast von einem Comeback reden kann. Wie kann das sein?

Richard Inger vermutet, dass es konkrete Schutzmaßnahmen sind, die den seltenen Arten nützen. Die gewöhnlichen Arten hingegen treffe dafür aber umso heftiger, was sich weiträumig in landwirtschaftlich genutzten Regionen abspielt. In der industrialisierten Landwirtschaft mit riesigen Einheitsfeldern, wo Blumenwiesen und Hecken verschwinden, ist genauso wenig Platz für die Feldlerche und den Kiebitz wie für den Feldhamster.

Jedes Jahr bestätigen immer neue Studien den alarmierenden Trend. Auch ein Team um Diana E. Bowler vom Senckenberg Biodiversität und Klima Forschungszentrum in Frankfurt am Main[23] wertete die Daten von

Vogelzählungen aus. Die katastrophalsten Rückgänge verzeichneten sie für Vogelarten wie Feldschwirl, Steinschmätzer und Wiesenpieper. Alle drei sind Insektenfresser und bevorzugen offenes Grasland als Lebensraum – ein Habitat, das in landwirtschaftlich genutzten Gebieten mit zunehmender Geschwindigkeit immer rarer wird.

Zwei Entwicklungen treffen Feldschwirl und Co. ganz besonders hart: Der Verlust ihrer Biotope und das Verschwinden ihrer Nahrung, der Insekten.

In Deutschland waren im Jahr 2016 laut Umweltbundesamt 753 Pflanzenschutzmittel mit 1465 Handelsnamen zugelassen. Um die 35 000 Tonnen pflanzen-, pilz- und insektentötender Chemikalien werden jedes Jahr alleine in Deutschland auf Äckern, Feldern, Weinbergen, Obst- und Ziergärten freigesetzt. Es wäre naiv zu glauben, dass dieses chemische Dauerbombardement keine Folgen für Flora und Fauna hätte.

Heute werden über 52 Prozent der Fläche Deutschlands landwirtschaftlich genutzt, über 13 Prozent der Landfläche beanspruchen Siedlungen und Verkehrswege. Städte und Straßen nehmen inzwischen das Zweieinhalbfache mehr an Raum ein als noch im Jahr 1936. Dabei ist die Bevölkerungszahl nicht um denselben Faktor gestiegen. Im Schnitt beansprucht jeder Deutsche heute zweimal so viel Land für sich wie in den 1950er-Jahren. Die Folge: Was die industrielle Landwirtschaft nicht zweckoptimiert hat, wird zersiedelt.

Seit dem Jahr 1970 sind weltweit mehr als ein Drittel aller artenreichen Feuchtgebiete verloren gegangen. Auch bei uns wurden Flüsse begradigt, Moore und Flussarme wurden trockengelegt und in Felder, Weiden und Bauland umgewandelt.

Bis ins 19. Jahrhundert war beispielsweise das Oberrheintal zwischen Basel und Karlsruhe ein riesiges Labyrinth aus mäanderndem Strom, Flussarmen, Sümpfen, Feuchtwiesen und Schilfgürteln. Das Leben der Menschen war hart. Jedes Jahr waren sie von verheerenden Überschwemmungen bedroht, und sogar das Sumpffieber, die Malaria, grassierte zwischen Schwarzwald und Vogesen. Die Menschen empfanden es sicher als gewaltigen Fortschritt, als Ingenieure anrückten und den Rhein in ein gerade mal 200 Meter breites Bett zwangen. Der Strom wurde schiffbar, gewaltige Wasserkraftwerke erzeugten Elektrizität, Siedlungen breiteten sich aus. Die ganze Region blühte wirtschaftlich auf, keine Frage. Für die Natur jedoch war es eine Katastrophe.

Von den einstigen Feuchtgebieten ist nur noch ein Bruchteil übrig geblieben. Kaum ein Stück Land bleibt ungenutzt. Über Kilometer steht im Sommer auf riesigen Monokulturen fast ausschließlich der Mais, Pflanze an Pflanze, in Reih und Glied.

Was muss das in den einstigen Rheinarmen, Sümpfen, blühenden Wiesen, kleinen Feldern und Streuobstwiesen im Frühjahr und Sommer für ein Gesumme und Gebrumme gewesen sein: Libellen, Köcherfliegen, Eintagsfliegen, Mücken, Bremsen, Heuschrecken und Schmetterlinge waren ein reich gedeckter Tisch für zig Vogelarten, Amphibien und Fische. Gezählt hat damals allerdings niemand, wie viele Insekten einst durch unsere Landschaften flogen und krabbelten. Deshalb ist es unmöglich zu quantifizieren, was wir an Insektenarten seitdem bereits eingebüßt haben.

Gesicherte Zahlen über die Entwicklung der Insektenbiomasse gibt es erst seit etwa Ende der 1980er-Jahre. Wie ein Blitz schlug im Jahr 2013 eine Veröffentlichung[24] Krefelder Insektenforscher in der Fach- und Medienwelt ein. Sie hatten an zwei Standorten in einem Krefelder Naturschutzgebiet im Jahr 1989 sogenannte Malaise-Fallen aufgestellt. Fluginsekten fliegen seitlich in diese zeltförmig aufgespannten Netzfallen, versuchen nach oben aus dem Gefängnis zu entkommen und landen am Ende in einem mit hochprozentigem Alkohol gefüllten Sammelbecher. So eine Malaise-Falle ist eine gängige Methode, die flugfähige Insektenfauna eines Gebiets zu erfassen.

Zwischen Mai bis Oktober des Jahres 1989 fingen die Krefelder Insektenkundler in ihren beiden Malaise-Fallen etwa zweieinhalb Kilo Insekten.

Im Jahr 2013 wiederholten sie den Versuch. Die Forscher achteten akribisch darauf, dass sie dabei möglichst identisch vorgingen wie 24 Jahre zuvor. Sie verwendeten dieselben Fallen und platzierten sie an denselben Stellen. Sie leerten die Fallen und wogen die Fänge ebenfalls auf identische Weise. Das Ergebnis war erschreckend: Im Jahr 2013 verfingen sich nur noch etwa 550 Gramm Insekten in den beiden Malaise-Fallen, ein Rückgang von über 75 Prozent – und das mitten in einem Naturschutzgebiet. Die Biologen bemerkten zudem, dass insektenfressende Vögel wie beispielsweise der Neuntöter aus der Orbroicher Heide, ihrem Untersuchungsgebiet, verschwunden waren. Mit nüchternen Worten fassten sie ihre alarmierenden Ergebnisse am Ende ihrer Studie zusammen:

»Eine Ursachenanalyse ist u. E. auf der Basis der hier ausschließlich betrachteten Messgrößen der vergleichenden Biomassen

nicht möglich. Hinsichtlich der Wirkung ist jedoch anzunehmen, dass die oben beschriebene Reduktion der Biomassen flugaktiver Insekten in dieser Größenordnung auch gravierende Folgen auf die lokale Biodiversität, die Nahrungsnetze und essentielle Ökosystemfunktionen hat.«

Mit anderen Worten: Rachel Carsons Furcht vor einem »stummen Frühling« wurde plötzlich von der Realität eingeholt. Aufgeschreckt durch ihre Krefelder Kollegen schauten sich viele Insektenforscher ihre eigenen Untersuchungen noch einmal genauer an. Leider scheinen die Krefelder Ergebnisse kein Einzelfall zu sein. Eine Reihe von Veröffentlichungen bestätigte die Befürchtung, dass die Ausmaße des Insektensterbens überaus besorgniserregend sind.

Der Niedergang der Insekten scheint aber nicht auf Deutschland beschränkt zu sein. Im Jahr 2019 werteten die beiden Biologen Francisco Sanchez-Bayo und Kris A.G. Wyckhuys 73 Studien zum Insektensterben aus aller Welt aus.[25] Ihre Schlüsse sind geradezu apokalyptisch: Selbst in von Menschen relativ wenig heimgesuchten Untersuchungsgebieten nimmt die Insektenbiomasse stetig ab – um 2,8 Prozent jedes Jahr. Die beiden Biologen befürchten, dass 40 Prozent aller Insektenarten in den nächsten Jahrzehnten komplett aussterben könnten – Hunderttausende von Tierarten würden einfach so verschwinden.

Wenn man aber bedenkt, dass Insekten von Reptilien, Vögeln, Fröschen und sogar Pilzen gefressen werden und dass viele Pflanzen auf Insekten als Bestäuber angewiesen sind, muss man angesichts des Insektensterbens schwarzmalen: Wenn wir nicht umsteuern, könnten ganze Ökosysteme zusammenbrechen.

Gespenstisch mutet zudem an, dass die Insekten nicht nur aus Kulturlandschaften verschwinden. Selbst in einem scheinbar unberührten Regenwald in Costa Rica verhält es sich nicht anders: über 70 Prozent weniger Gliedertiere in einem Zeitraum von 26 Jahren! Die Auswirkungen auf das Nahrungsnetz innerhalb dieses Regenwalds sind schon sichtbar: Die Populationen von Vögeln, Fröschen und Echsen nahmen dort im selben Maße ab wie die von Insekten.[26] In tropischen Regenwäldern sind vermutlich die Auswirkungen des Klimawandels Ursache für das Insektensterben. Die meisten Studien allerdings machen den Verlust von Habitaten und die immer intensivere Landwirtschaft inklusive Einsatz von Schädlingsbekämpfungsmitteln für die heraufziehende Katastrophe verantwortlich.

Ich gebe zu, angesichts all dieser Horrormeldungen könnte man verzweifeln. Man könnte denken, dass eh schon alles verloren ist, um dann fatalistisch die Hände in den Schoß zu legen und auf den Untergang zu warten. Zum Glück gibt es aber Menschen, die genau das nicht tun und stattdessen die Vielfalt des Lebens bewahren wollen. Von einem dieser Kämpfer – von Gerard Müskens und seinen Feldhamsterfeldern – war schon die Rede. Um einige andere soll es hier noch gehen. Ein paar von ihnen kämpfen ihren Kampf für die Natur an Orten, an denen man sie nicht erwarten würde. Denn das ist die gute Nachricht: Manchmal reicht schon relativ wenig, um dem großen Artensterben etwas entgegenzusetzen.

KAPITEL EINUNDZWANZIG

Von Brillenbären, Ameisenpittas und kleinen Stinkern

Es ist manchmal wirklich zum Verzweifeln. Vogelsterben, Insektensterben, Urwaldrodung, Klimawandel. Die ökologischen und ökonomischen Herausforderungen, vor denen wir stehen, erscheinen gigantisch.

Und dennoch würden viele von uns am liebsten sofort etwas unternehmen, einfach die Ärmel hochkrempeln und der Natur etwas zurückgeben. Ich bin immer wieder beeindruckt, wenn ich auf Menschen treffe, die genau das tun. Es gibt sie wirklich, und es sind meist Idealisten, ohne verbohrte Ideologen zu sein. Auf meiner letzten Ecuador-Reise – einer Drehreise für einen Dokumentarfilm über die letzten Nebelwälder der Anden – lernte ich gleich mehrere solcher Ökohelden kennen: ein ganzes Dorf voller Naturschützer, zwei Brüder, die wie Franz von Assisi mit den Vögeln sprechen, und einen Bioprofessor in Rente, der die Hände nicht in den Schoß legen mag …

Die Anden rund um den Äquator darf man sich heutzutage nicht als undurchdringbare Wildnis vorstellen. Sie gehören zu den am dichtesten besiedelten Teilen Ecuadors. Lange vor der Eroberung Südamerikas durch die spanischen Besetzer rodeten bereits die Inka und andere indigene Völker viele der Bergwälder. In der Neuzeit beschleunigte sich die Besiedelung. Überall musste der Wald Feldern, Städten und Straßen weichen. Wenn man in Ecuador auf der berühmten *Panamericana*, der Nord-Süd-Verbindung von Nordamerika bis Feuerland, reist, hat man oft den Eindruck, man befände sich in einer Voralpenlandschaft wie dem Allgäu. Links und rechts erstrecken sich Hügel mit saftig grünen Weiden. Überall stehen Kühe in der Landschaft. Oft sind es die schwarz-weiß gescheckten Holsteiner Rindviecher – alles mutet ein wenig an wie bei uns daheim. Dabei vergisst man aber, dass man sich auf über 2000 Meter Höhe befindet, die sanften Hügel also eigentlich schon richtig hohe Berge sind. Diese liebliche Gegend wird immer wieder von schneebedeckten Vulkanen überragt, manche von ihnen weit über 5000 Meter hoch. Inmitten dieser Landschaft liegt das Dörfchen Yunguilla, das nur aus ein paar Dutzend Häusern besteht. Es war der Ökologe Santiago Molina aus Ecuadors Hauptstadt Quito, der mich das erste Mal nach Yunguilla mitnahm.

»Dieses Dorf musst du kennenlernen«, schwärmte er mir vor, »in diese Gemeinde habe ich mich verliebt.«

Um das kleine Wunder, das sich in Yunguilla zuträgt, komplett zu verstehen, muss man wissen, dass der winzige Ort gerade mal eine halbe Autostunde von den Ausläufern der Millionenstadt Quito entfernt liegt. Die mit 2850 Metern höchstgelegene Hauptstadt der Welt dehnt sich entlang eines schmalen Hochtals aus – wie ein 50 Kilometer langer Lindwurm aus Beton. Wo einst dichte Bergwälder wuchsen, schießen heute Häuser aus dem Boden. Eine nicht enden wollende Betonsteppe.

Santiago und ich verließen frühmorgens mit dem Auto

die Großstadt, überquerten nördlich von Quito den Äquator, und schon nach 20, 30 Kilometern ließ mich mein Begleiter auf eine holprige Seitenstraße einbiegen. Wenige Minuten später parkten wir vor einem Holzhaus – dem Dorflädchen von Yunguilla.

Nirgends in Ecuador hatte ich auch nur annähernd so schöne Häuser gesehen wie in Yunguilla. Es gab eine ganze Reihe von geschmackvollen Bauten aus Stein und Holz – ganz anders als in den meisten armen Andendörfchen. Der Ort machte einen für ecuadorianische Verhältnisse mehr als wohlhabenden Eindruck.

Santiago stellte mich einigen Leuten im Dorf vor. Nach und nach verstand ich, was in Yunguilla anders lief als in den meisten Andengemeinden – ein echtes Erfolgsrezept: Die Bauern hatten gelernt, mit einem Tier zu leben, das viele Farmer in anderen Teilen Ecuadors regelrecht hassen. Obwohl dieses Tier streng geschützt ist und Strafen drohen, wenn man ihm zu Leibe rückt, werden auch heute noch in den Anden viele seiner Art erschossen.

In Yunguilla war es eine Liebe auf den zweiten Blick, die heute Tier und Mensch verbindet und der Gemeinde ihren Wohlstand sichert.

Das Biest, das das Leben in Yunguilla so auf den Kopf gestellt hat, ist der Andenbär. Weil viele dieser Raubtiere um die Augen hell gezeichnet sind, was den Eindruck vermittelt, sie trügen eine Sehhilfe, werden sie auch Brillenbären genannt. Geschätzte 18 000 Brillenbären leben noch in Südamerika, davon circa 2 000 im kleinen Ecuador. Lange wurden sie gnadenlos gejagt, nicht nur wegen ihres Fleisches, sondern auch, weil Brillenbären ab und an Geschmack auf Kälber und ausgewachsene Kühe entwickeln. Meistens ernähren sich die Allesfresser aber vegetarisch: Sie machen weite Wanderungen von Nebelwäldern bis über die Baumgrenze auf fast 5 000 Meter Höhe, auf der Suche nach nahrhaften Früchten und fleischigen Bromelienherzen. In den meisten Gegenden außerhalb von Nationalparks und Schutzgebieten müssen sich die Bären ihren Lebensraum mit den Farmern und ihren Kühen teilen. Dort werden unberührte Wälder und Hochsteppen – die *Páramos* – immer seltener.

Auf den steilen Kuhweiden in den Anden stolpern die Rinder manchmal, manche verletzen sich dabei so stark, dass sie sterben. Ihr Aas ist dann ein gefundenes Fressen für hungrige Andenbären. Einmal auf den Geschmack gekommen, machen manche von ihnen dann auch vor lebendigen Kühen nicht halt. Es ist also kein Wunder, dass sich die Liebe zu den Pelztieren bei vielen Farmern Südamerikas in überschaubaren Grenzen hält.

Auch fast alle Einwohner Yunguillas sind Farmer. Doch vor fast 20 Jahren haben die meisten Familien des Ortes eine Art Pakt geschlossen. Sie wollten die Natur um sie herum nicht weiter zerstören, sondern von ihr profitieren – auch von den Brillenbären.

Begonnen hatte es mit ein paar Naturfreaks, die über alte Schmugglerpfade, den *Culuncos*, aus einem tiefer gelegenen Waldreservat hoch in die Berge nach Yunguilla wanderten. Eigentlich hatte Yunguilla für Touristen nicht viel zu bieten, keine heißen Quellen oder Wasserfälle, nur sich selbst: ein kleines friedliches Dorf voller netter Menschen.

20 Familien des Örtchens taten sich zusammen und gründeten eine Kooperative, deren Ziel es war, mehr

Touristen nach Yunguilla zu locken. Das sollte allerdings sehr behutsam ablaufen, auf eine ganz spezielle und neue Art. Die Menschen bauten kein großes Hotel, dafür verschönerten sie ihre Häuser und richteten Gästezimmer unter den eigenen Dächern ein. In Gemeinschaftsarbeit errichteten sie eine Käserei, eine kleine Marmeladenfabrik und ein Restaurant mit spektakulärer Aussicht auf die umgebenden Andengipfel. Man lud die Besucher ein, einfach am Dorfleben teilzunehmen.

Weil rund um das Dorf auch immer wieder Bären und Pumas gesichtet wurden, wurde auch der Ökologe Santiago Molina auf Yunguilla aufmerksam. Er wollte zusammen mit einigen Männern des Dorfes herausfinden, wie viele der seltenen Raubtiere durch die Gegend direkt vor den Toren der Millionenstadt Quito streifen. Doch scheue Bären aufzustöbern ist nicht einfach. Zum Glück konnte dabei moderne Technik helfen. Santiago und die naturbegeisterten Dörfler verteilten sogenannte Fotofallen in den Wäldern rund um Yunguilla. Diese automatischen Kameras lösen aus, sobald sich vor ihrer Linse etwas bewegt. Im Sichtfeld der Kameras rammten die Biologen jeweils einen Stock in den Boden. Daran knotete Santiago Molina ein Tuch, das er mit einer Duftnote einparfümierte, der die großen Pelztiere kaum widerstehen können.

»Wir verwendeten ein Extrakt aus den Tränen einer seltenen Fledermausart«, erklärte mir Santiago mit unbewegter Miene. »Ein paar Jungs aus dem Dorf müssen dafür immer in die Bäume klettern.« Für ein paar Sekunden schaute ich ihn ungläubig an. Dann erst fiel der Groschen, und auch ich realisierte, dass mir gerade ein Bär aufgebunden wurde.

»Nein, nein«, grinste der Ökologe. »Ein Vanilleduft für ein paar Cent aus der Drogerie tut es bestens, der lockt Bären und Pumas vor unsere Kameras.«

Die Bilder aus den Kamerafallen überraschten alle, Santiago Molina versetzten sie sogar in Jubelstimmung: Der Wald war voller Rehe, Raubkatzen vom Ozelot bis zum Puma – und Bären, vielen Bären, mehr Bären, als sich Santiago jemals erträumt hätte. Über 60 Brillenbären konnten Molina und seine Helfer mithilfe der Aufnahmen anhand ihrer Gesichtszeichnungen unterscheiden. So viele große Raubtiere, einen Katzensprung von Quito entfernt!

Endgültig als Bärendorf bekannt machen sollte Yunguilla aber ein ganz besonderer Brillenbär. »Eines Tages klingelte bei mir in Quito das Telefon«, erinnerte sich der Ökologe Molina. »Ein Hilferuf aus Yunguilla.« Ein Farmer hatte ein Bärenbaby gefunden, offenbar verlassen von seiner Mutter. Fliegen hatten bereits Eier in seine Haut gelegt – ein sicheres Zeichen, dass die Mutter sich nicht mehr um das Bärenkind kümmerte. Vielleicht war sie sogar gestorben. Das Bärenbaby war dem Tod geweiht. Was man mit dem hilflosen Wesen machen solle, wurde Molina am Telefon gefragt. »Ich fragte zurück, ob im Dorf gerade eine Frau einen Säugling stillte. Wenn ja, solle man sie überreden, einen Teil ihrer Milch dem Bärenbaby zu spenden. Und wirklich, es fand sich eine Bärenamme, die den Kleinen vor dem Verhungern rettete«, erinnerte sich Santiago.

Der winzige Bär, inzwischen auf den Namen Yumbo getauft, überlebte so seine ersten Tage, bis Santiago Molina ihn abholte und in ein Rehabilitationszentrum brachte. »Unser Ziel war, ihn irgendwann wieder auszuwildern, und zwar genau dort, wo er gefunden worden war.« Zwei Jahre blieb Yumbo in Gefangenschaft und kehrte dann wirklich wieder heim nach Yunguilla. Es war ein lokales Medienereignis, als der inzwischen ausgewachsene Yumbo im Jahr 2015 in einer Transportkiste auf der Ladefläche eines Pick-ups in das Andendörfchen gebracht wurde und dort wieder in der Wildnis verschwand.

»Yumbo ist der erste Bär Ecuadors«, erzählte Santiago voller Stolz, »bei dem das Auswildern geglückt ist. Die Bären rund um Yunguilla akzeptierten den Neuling. Wahrscheinlich riechen sie, dass sie es mit einem Verwandten zu tun haben. Sie sagen: ›Hey, dich kenne ich, willkommen zurück!‹«

Inzwischen kommen jedes Jahr etwa 5000 Touristen ins Bärendorf Yunguilla. Die meisten, vor allem ecuadorianische Ausflügler, machen nur einen Abstecher, viele Ausländer hingegen buchen sich mehrere Nächte in einem der schönen Gästezimmer ein. Im Dorfrestaurant kommen biodynamisch angebaute Produkte der örtlichen Farmer auf den Tisch. Viele Besucher kaufen zudem lokale Leckereien. Vor allem der Käse, der *Queso de Yunguilla*, und Marmelade aus tropischen Früchten sind ein beliebtes Mitbringsel, wenn die Touristen wieder heim nach Quito reisen. Die Bewohner des Andenörtchens leben gut vom »dörflichen Tourismus«, wie sie ihre Form des Fremdenverkehrs nennen.

Während andernorts die Bergwälder weiter gerodet werden, wachsen Yunguillas Hänge langsam wieder zu. Kaum jemand fällt hier noch Bäume, im Gegenteil: Yunguilla forstet den Wald wieder auf. In einer eigenen

Baumschule wachsen Setzlinge dafür heran, allesamt einheimische Baumarten. Lange dachten Biologen, es sei unmöglich, den Wald zurückzubringen. Doch es kann gelingen, wenn der Mensch nachhilft. Es reicht nicht, darauf zu warten, dass sich Bäume von selbst auf den Kuhweiden verbreiten. Die ersten müssen in mühsamer Arbeit gepflanzt werden. In ihrem Schatten können dann auch andere Samen keimen, die von Vögeln und Fledermäusen herangetragen werden. Hunderte Hektar Wald hat Yunguilla so wieder aufgeforstet. Genauso wie die Menschen von den Bären profitieren, gewinnen umgekehrt nun auch die pelzigen Räuber. Eine Win-win-Situation direkt vor der Hauptstadt Quito.

Und was man nicht vergessen darf: Brillenbären sind nicht die einzigen tierischen Profiteure dieser Mensch-Bär-Symbiose. Wo die Wälder in Yunguilla nachwachsen, finden auch Pumas, Wildschweine, Kolibris und andere Vögel, Frösche und Kröten, Fledermäuse, Andentapire sowie Tausende Insektenarten wieder einen Lebensraum. Yunguillas Erfolge zeigen, dass es am meisten bringt, ganze Ökosysteme zu erhalten, wenn man einzelne Arten wie den Andenbären retten will. Und dass Naturschutz oft auch ökonomisch Sinn für die Menschen vor Ort macht.

Der Ökologe Santiago Molina denkt bereits einen Schritt weiter: Sein Traum ist, dass auch andere Gemeinden Yunguillas Beispiel folgen und Wälder aufforsten. So sollen heute noch isolierte Waldgebiete wieder zu einem großen Bärenparadies, dem *corredor ecológico del oso andino*, dem Andenbärenkorridor, zusammenwachsen.

Ganz ohne Rückschläge wird das nicht gehen. Ab und

an fällt auch in Yunguilla eine Kuh den Bären zum Opfer. Auch der prominente Heimkehrer Yumbo hat sich bereits auf einer der Rinderweiden bedient. Wenn so etwas passiert, zweifeln einige der Farmer Yunguillas daran, ob der Weg, den sie eingeschlagen haben, der richtige ist. Doch dann müssen sie sich nur die schönen Häuser und ihre glücklichen Nachbarn anschauen, und die Zweifel verschwinden.

In der armen Bergwelt Ecuadors erlebt man immer wieder solche kleinen Wunder. Auch die Gebrüder Angel und Rodrigo Paz waren früher Farmer. Sie lebten wie die meisten Bauern von etwa zehn Dollar pro Tag, die sie mit dem Verkauf von Milch, Eiern und Gemüse erwirtschafteten. Auf ihrer Farm unweit des Städtchens Mindo gab es aber auch ein kleines Waldstück, das jeden Morgen von einer Gruppe Vögel besucht wurde, die dort ein lautstarkes Theaterstück aufführten. Es waren Andenklippenvögel, die sich in einem sogenannten Lek, einem Gemeinschaftsbalzplatz, trafen.

Die Andenklippenvögel-Männchen veranstalten in ihren Leks morgens und abends einen Höllenlärm, sie springen auf Zweigen auf und ab und präsentieren sich gegenseitig ihre leuchtend roten Brust- und Kopffedern. Weibchen werden von dem Spektakel angelockt und machen sich ihr eigenes Bild von den aufgeplusterten Gockeln. Wenn die Männchen so ein interessiertes Weibchen bemerken, gestaltet sich die eh schon irre Balz noch verrückter.

Für den großen Evolutionsforscher Charles Darwin waren solche wilden Paarungsrituale und auffälligen Outfits lange Zeit eine harte Nuss, die so gar nicht zu seiner

»Theorie von der Entstehung der Arten«, die er mühsam entwickelt hatte, passen wollten. Tiere wie der Andenklippenvogel verpulvern beim täglichen Werben scheinbar unnötig Energie, darüber hinaus bringen sie sich durch dieses Verhalten auch noch in Gefahr. Vom Geschrei der Vögel und ihren bunten Federn angelockt, bedienen sich Habichte, Waldfalken, Pumas, Ozelots und Würgeschlangen wie die Boa constrictor immer mal wieder in den Balzarenen. Dennoch lohnt sich das Spektakel für die auffälligsten Hähne. Die Weibchen wählen sich die farbenprächtigsten Supertänzer unter den Männchen aus und lassen sich von ihnen begatten. Der höhere Erfolg bei den Weibchen wiegt das Investment des verrückten Balzverhaltens somit auf.

Auch Darwin erkannte das; er beschrieb die »sexuelle Selektion« als eine der Triebfedern bei der Entstehung der Arten. Sie macht Grillen zu Sängern, Hirsche zu Geweihträgern und Pfauen zu schillernden Radschlägern. Und Andenklippenvögel eben zu irren Gruppenbalztänzern.

Die Gebrüder Angel und Rodrigo Paz fragten sich, ob das morgendliche Schauspiel auf ihrer Farm nicht eine Attraktion für eine ganz spezielle Spezies von Touristen, für sogenannte *birder*, also Vogelbegeisterte, sein könnte. Im Jahr 2005 schlugen sie einen Pfad durch ihren Wald und gründeten das *Refugio Paz de las Aves*, eine kleine Pension für *birder*. Im Laufe eines Monats wuchs der Pfad langsam zu, ohne dass sich auch nur ein einziger Tourist zu Angel und Rodrigo und ihren Frauen Maria und Diana verirrt hatte.

Doch das sollte sich schon bald ändern. Nach und nach

sprach sich herum, dass man bei den Familien Paz einigermaßen sicher die große Show der *gallos de la peña*, der Andenklippenvögel, erleben kann. Zum wahren Mythos unter *birdern* machte Angel Paz allerdings ein anderer Vogel: der *Giant Antpitta*, der Riesenameisenpitta.

Im Jahr 2018 buchte auch ich mich im *Refugio Paz de las Aves* ein; es war einfach zu erstaunlich, was ich von der großen Ameisenpitta-Show der Gebrüder Paz gehört hatte. Früh am Morgen ging es los. Angel und Rodrigo führten mich zusammen mit einer US-amerikanischen Touristengruppe in ihren Wald. Auf einer Lichtung stoppten wir. Angel verteilte eine Handvoll Mehlwürmer auf einem umgestürzten Baumstamm, spitzte seine Lippen und pfiff seinen Lockruf. Das brachte *Maria* auf den Plan: Ein Vogel, der an einen ovalen Football auf Stelzen erinnerte, verließ das sichere Dickicht und lief auf seinen langen Beinen zielstrebig zur Mehlwurmstation. Der *Giant Antpitta* ist im Vergleich zum prächtigen Andenklippenvogel ein eher unscheinbares Federvieh. Dennoch brachten die US-*birder* aufgeregt ihre Fotoapparate mit den langen Teleobjektiven in Stellung und fotografierten wie eine Meute aufgeregter Kinder. Um mich herum klickten und piepten die Digitalkameras.

Schätzungsweise gerade noch 2500 *Giant Antpitta* streifen durch Bergwälder Kolumbiens und Ecuadors. Angel Paz war einem von ihnen zufällig auf einem seiner Waldspaziergänge begegnet. Er taufte den Vogel Maria und beschloss, dass er und die kleine Lady Freunde werden sollten. Zigmal nahm er lebendige Leckereien für Maria mit in den Wald, bis der Vogel nach und nach seine Scheu verlor und Angels Liebe erwiderte. Heute sind Angel Paz und Ameisenpitta Maria Stars und ein wichtiger Programmpunkt für zahlungskräftige Vogeltouristen auf Ecuador-Reise. Viele buchen die *Antpitta*-Tour und machen im *Refugio Paz* Station.

Lange hielt man den *Giant Antpitta* in weiten Teilen Ecuadors für ausgestorben. Auf unserer Tour sahen wir außer Maria noch weitere *Giant Antpitta*, außerdem nahe Verwandte von ihm wie den Zweifarbigen *Antpitta*, viele verschiedene Kolibri-Arten und natürlich auch balzende Andenklippenvögel, oder *»cock-of-the-rock«*, wie die US-Amerikaner erfreut riefen. Maria und die anderen Vögel haben die Gebrüder Paz und ihre Familien zwar nicht reich gemacht, sie sichern ihnen aber ein gutes Einkommen. Und ebenso wie in Yunguilla wächst auch rund um das *Refugio Paz de las Aves* der Wald, anstatt zu schrumpfen – ohne dass hier ein staatliches Schutzgebiet existierte.

Das Comeback des Waldes ist einzig dem *Giant Antpitta* Maria sowie Angel und Rodrigo Paz' Ideen und Liebe zur Natur zu verdanken.

Noch sind Orte wie Yunguilla oder das *Refugio Paz* eher die Ausnahme in Ecuador. Sie zeigen aber, wie viel die Initiative einzelner Menschen bewegen kann. Auf den westlichen Abhängen der Anden gibt es keinen staatlichen Nationalpark. Umso wichtiger sind deshalb kleine private Schutzgebiete.

Der *Giant Antpitta* schleicht auch durch den Wald des Italieners Giovanni Onore, die *Reserva Otonga*, in dem ich einen ganzen Nachmittag mit einem Besen gegen ein ganzes Treiberameisen-Heer gefochten hatte. Auch die

Otonga ist ein ganz besonderes Schutzgebiet mit einer ganz eigenen Geschichte.

Bis zu seiner Pensionierung war Giovanni Onore Professor für Biologie an der Katholischen Universität von Quito. Schon zu seiner Universitätszeit erschütterte ihn, wie schnell die Urwälder in dem kleinen Land abgeholzt werden.

»In den 1980ern, als ich das erste Mal in die Umgebung des Toachi-Tals kam, wo heute die Reserva ist, war das hier noch ein einziges großes Paradies: Überall Wälder voller Orchideen und Vögel«, erzählte mir der inzwischen 78-jährige Giovanni, während er in einem wahnsinnigen Tempo die steilen Pfade seines Nebelwalds hinaufstapfte. »Doch die Armut zwang die Leute hier, die Bäume zu fällen und immer mehr Kuhweiden anzulegen. Damals dachte ich, dagegen könne man absolut nichts tun.«

Doch damit täuschte sich der Italiener. Stattdessen fand er im Toachi-Tal einen Bruder im Geiste: Cesar Tapia war damals wie fast alle in der Gegend ein Rinderfarmer. Aber auch in ihm schlummerte die Liebe zur Natur, den Pflanzen und den vielen Tieren in den Wäldern. Es machte ihn unglücklich, das alles verschwinden zu sehen. Die beiden Männer wurden vor fast 40 Jahren Freunde und schlossen einen Pakt. Der Biologe unterstützte den Bauern und seine Familie, sorgte für die Ausbildung von Cesar Tapias neun Kindern. Umgekehrt versprach Cesar, Giovanni zu helfen. Gemeinsam wollten sie vom Wald retten, was von ihm noch übrig war.

Onore sammelte in seiner alten Heimat Italien Spendengelder, und Cesar verschaffte dem Professor Kontakt zu den anderen Bauern in der Nachbarschaft. Denn obwohl vielen Farmern Naturschutz eher wie ein Spleen reicher Städter erschien – mit dem Italiener ein Geschäft zu machen konnten sie sich sehr wohl vorstellen. Mit Cesars Hilfe kaufte Giovanni den Bauern ungenutzte Landflächen ab. Vor allem dort, wo das Gelände besonders steil ist, fand Onore noch Überbleibsel der Nebelwälder. Nach und nach entstand so ein einzigartiges Schutzgebiet – die *Reserva Otonga*.

Anders als Yunguilla oder die *Reserva Paz* sollte die Otonga kein Wald für Touristen, sondern einer für die Wissenschaft werden. Giovanni lud Forscher aus Ecuador und der ganzen Welt ein, in seinem Schutzgebiet zu arbeiten. Meist waren es Cesar und seine Söhne, die solche Gastwissenschaftler durch »ihren« Wald führten. Sie unterstützten Biologen von auswärts dabei, Hunderte neuer Pflanzen-, Spinnen- und Insektenarten zu entdecken und zu beschreiben. International bekannt machte den Otonga-Wald dann aber doch ein Säugetier, ein Tier mit Fell und Knopfaugen wie die eines Teddybären. Diese Geschichte nahm allerdings in den USA ihren Anfang.

Der Biologe Kristofer Helgen vom Smithsonian National Museum of Natural History in Washington, D.C., wollte mit seinem Team eigentlich nur eine sogenannte Revision einer Säugetiergruppe durchführen: der Makibären. Von den mit den Waschbären verwandten Allesfressern aus Süd- und Mittelamerika kannte man damals drei verschiedene Arten. Wegen ihres strengen Geruchs werden Makibären auch Olingos genannt, abgeleitet vom spanischen Wort *oliente*, stinkend, übelriechend. Ins Deutsche übersetzt könnte man die Tiergruppe also auch »die Stinker« nennen.

Olingos sind mit einem langen Schwanz gesegnet, eine von vielen Anpassungen an das Leben im Kronendach tropischer Wälder. Mit ihm halten sie das Gleichgewicht, wenn sie die Bäume nach Nahrung in Form von Früchten und Kleintieren absuchen. Da alle Arten nachtaktiv sind, haben sie bislang auch unter Tropenbiologen noch für wenig Furore gesorgt. Bis Kristofer Helgen seine Makibär-Revision begann.

Bei einer solchen Revision begutachten Biologen die Museumsexemplare, anhand derer die verschiedenen Arten einer Tiergruppe beschrieben wurden. Manchmal passiert es, dass eine Art zweimal entdeckt wurde, also fälschlicherweise mit zwei verschiedenen Artnamen gelistet wird. Oder umgekehrt wurde übersehen, dass Tiere, die für eine Art gehalten wurden, eigentlich Vertreter unterschiedlicher Spezies sind. Lange Zeit war die Frage, ob man es mit Varianten und Unterarten einer Art oder mit verschiedenen Spezies zu tun hat, eine Frage der Abwägung. Noch Unterart oder schon neue Art – für viele Lebewesen ließ sich das nicht immer ohne Weiteres beantworten.

Unter den Museumsexemplaren fiel Kristofer Helgen und seinem Team eine Reihe von Tieren auf, die sich von den übrigen Olingos unterschieden. Sie waren kleiner und gedrungener, dichter behaart, und auch ihr Kopf war um einiges kleiner als der der übrigen Makibär-Arten. Versteckte sich unter den Museumstieren etwa eine bislang übersehene vierte Stinkerart?

Doch bevor das Team als erste Zoologen seit 35 Jahren eine neue Säugetierart aus der Gruppe der Carnivoren, also der Raubtiere, beschreiben wollten, mussten sie sich ganz sicher sein. Heutzutage können Biologen in einem solchen Fall auf eine genetische Untersuchung zurückgreifen, das macht die Abgrenzung einer neuen Art ein wenig objektiver als das Vermessen von Kieferknochen oder das Zählen von Borsten und Federn alleine.

Nach der Genanalyse war sich Kristofer Helgen sicher: Er hatte im Museum eine neue Raubtierart entdeckt. Die Forscher nannten den vierten Makibären *Bassaricyon neblina*, bekannt wurde die neue Art aber unter dem Populärnamen Olinguito, also als das »Olingolein« oder der »Kleine Stinker«.

Helgen recherchierte, woher die Museumsexemplare des Olinguito stammten. Fast alle lagerten schon über 100 Jahre in den Museen, und sämtliche Tiere waren in den nördlichen Anden gefangen worden: in Kolumbien und Ecuador, in Nebelwäldern auf rund 2000 Meter Höhe. Das Verrückteste war aber, dass mindestens ein Olinguito-Weibchen in den 1960ern und 1970ern in US-amerikanischen Zoos gelebt hatte – unter falscher Identität. Weil man es für eine Vertreterin einer der bekannten Olingoarten hielt, versuchte man es mit Makibären der falschen Spezies zu verpaaren – ein Vorhaben, das natürlich zum Scheitern verurteilt war.

Kristofer Helgen wollte herausfinden, ob es auch noch lebende Exemplare des Olinguito in freier Wildbahn gab. Wie so oft im Leben kam ihm bei diesem Vorhaben der Zufall zu Hilfe: Der ecuadorianische Biologe Miguel Pinto machte gerade ein Praktikum im weltberühmten Smithsonian National Museum. Pinto war ein Student des Biologieprofessors und Nebelwaldretters Giovanni Onore und befand sich zur Fortbildung in Washington.

Helgen beförderte den Praktikanten zum Olinguito-Expeditionsbeauftragten in Ecuador.

Miguel Pintos Suche nach dem »kleinen Stinker« darf man sich nicht als Tausende Dollar teure Expedition mit zig Beteiligten, Fahrzeugen und Trägern vorstellen. Er reiste alleine durch Ecuador, und sein Equipment bestand lediglich aus einer leistungsstarken Taschenlampe und einer Videokamera. Natürlich suchte er den Olinguito auch in Giovanni Onores Wald, in der *Reserva Otonga*.

Pinto richtete sich auf eine lange und anstrengende, viele Nächte dauernde Suche ein. Doch schon in seiner ersten Nacht, in der ihn Cesar Tapia begleitete, entdeckte er nach einem nur kurzen Fußmarsch in den Nebelwald ein kleines Tier von Ast zu Ast hüpfen. Ihm gelangen einige Sekunden Videoaufnahmen, die ihm bestätigten, dass er gefunden hatte, wonach er auf die Suche geschickt worden war.

Damit war alles beisammen. Das Forscherteam lud Journalisten zu Pressekonferenzen in Washington und Quito und konnte die sensationelle Beschreibung einer neuen Carnivoren-Art vermelden[27] – auch wenn es nur ein kleiner, nachtaktiver Stinker, ein Olinguito, war.

Für den Biologen Giovanni Onore ist jede neue Art, die in seinem Wald beschrieben wird, gleichermaßen wichtig, sei es ein Säugetier oder ein Insekt. Denn es ist zwar einerseits das Schutzgebiet, das vielen Tier- und Pflanzenarten einen sicheren Rückzugsort gibt, umgekehrt hilft aber auch jede neu beschriebene Art, die Zukunft der Reserva zu sichern. »Darum lade ich Forscher ein«, erklärte mir Giovanni seine Strategie. »Wenn sie etwas Neues finden, nennen sie die Art *otongico* oder *otongensis*, wie das Schutzgebiet. Dann ist klar: ›Nicht anrühren, hier ist

Vielfalt!‹ So schütze ich. Was Gesetze und Politiker nicht schaffen, schaffen die Wissenschaftler.«

Der Nebelwald Otonga nutzt aber nicht nur Bären, Ameisenpittas, Olinguitos und Tausenden Insektenarten, sondern auch den Menschen in seiner Nachbarschaft. Giovanni Onore war wichtig, dass auch die Farmer der Gegend von seinem Projekt profitieren. Immerhin mussten sie einige Einschränkungen verdauen. Sie waren es gewohnt, im Wald Holz zu schlagen und Vögel, Gürteltiere, Rehe und anderes Wild zu jagen. Das war alles plötzlich verboten. Onore suchte nach anderen Möglichkeiten, die Bewohner der Gegend auf seine Seite zu ziehen und für den Naturschutz zu begeistern. Auch er setzte ebenso wie die Gebrüder Paz auf zahlende Besucher. Giovannis Otonga-Stiftung baute ein schickes Dschungelhotel für Wissenschaftler und Studenten. Der Biologieprofessor beschäftigte dafür ausschließlich Arbeiter aus der Gegend. Das Forschungsgebiet der Gäste, ein wunderschöner Nebelwald voller kaum erforschter Tier- und Pflanzenarten, liegt damit direkt vor ihrer Hoteltür.

Der Biologe schaut optimistisch in die Zukunft: »Das Hotel mit seinen Gästen wird genug abwerfen, um den Wald zu erhalten. Wir brauchen einen Wächter, einen, der die Wege freihält, einen, der aufpasst, dass niemand den Wald abholzt, einen, der die Gäste empfängt. Das schafft Arbeitsplätze und gleichzeitig einen Gewinn, um den Urwald zu bewahren.«

Doch damit nicht genug. Die Bäume seines Waldes kämmen auch das Wasser aus den Wolken und reinigen es. Das haben inzwischen auch Lokalpolitiker der Gegend erkannt:

»Die Natur hat ihren Wert. Das verstehen immer mehr Menschen. So kommen Verantwortliche aus den Städten der Gegend und suchen hier nach Wasser für ihre Einwohner«, erzählte mir der Biologieprofessor ganz stolz. »Und Ärzte sagen: ›Wo wir ein Krankenhaus bauen, lasst uns auch den Wald schützen.‹ Das saubere Wasser garantiert, dass es weniger Magen- und Darmerkrankungen gibt. Es gibt eine Verbindung zwischen den Menschen und dem Naturschutz.«

Wenn man diesen Gedanken zu Ende denkt, könnte es also sein, dass ein kleiner Andenmakibär, ein kleiner Stinker, dabei helfen kann, Menschenleben zu retten, indem er mit dafür sorgt, dass der Nebelwald erhalten bleibt.

Man kann es gar nicht oft genug sagen: Wer seltene Tiere und Pflanzen schützen will, muss ihre Lebensräume erhalten. Die Beispiele aus Ecuador beweisen es. Und was im nicht gerade mit Reichtümern gesegneten Südamerika gelingen kann, sollte doch auch im wohlhabenden Europa möglich sein?

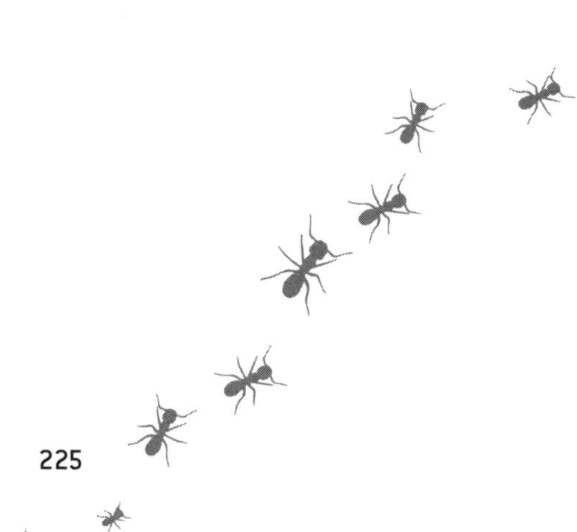

KAPITEL ZWEIUNDZWANZIG

Ein Netz aus Biotopen

Manche Ideen sind einfach so gut, dass man sich fragt, warum nicht schon viel früher jemand darauf gekommen ist. Einen solchen Geistesblitz hatte im Jahr 2019 der Landwirt Karsten Padeken aus Frieschenmoor in der Gemeinde Ovelgönne in Niedersachsen.

Von der »schlimmen« Landwirtschaft war hier ja schon die Rede. Und die »bösen« Bauern sind an allem schuld. Ihretwegen sterben die armen Bienen, sie vergiften das Grundwasser und lassen die einstige Artenvielfalt schwinden. Natürlich ist die Intensivlandwirtschaft ein Problem für die Natur. Nur sollte man die Landwirte nicht alleine verantwortlich machen. Wer so einseitig argumentiert, macht es sich zu einfach. Besser ist, nach Auswegen aus der Misere zu suchen. Karsten Padeken, der Landwirt aus Norddeutschland, tut genau das.

Dabei ist er nicht mal ein Ökobauer, sondern bewirtschaftet seine Felder konventionell. Als er vom Vogel- und Insektensterben las, winkte er aber nicht ab und dachte, das gehe ihn doch nichts an. »Ja, auch ich verstehe«, erzählte er mir, »dass es Probleme gibt und man etwas ändern muss. Nur müssen wir alle gemeinsam handeln.« Wen er mit »wir alle« meinte, fragte ich ihn. »Na, alle eben, es kann nicht sein, dass nur die Landwirte verantwortlich gemacht werden.« Schließlich müsse ja irgendwer die Menschen mit Nahrungsmitteln versorgen, und die Bauern sollten auch weiter auf ihre Kosten kommen. »Wenn ich Land kaufe und meine Kredite abstottere, interessiert die Bank als Allerletztes, was ich für die Insekten tue.«

Karsten Padeken beschloss, trotz solcher Zwänge aktiv zu werden. Er reservierte 3000 Quadratmeter seines Lands für den Insekten- und Vogelschutz. Dort pflanzte er keinen Mais oder Kartoffeln, sondern Wildblumen. Doch der Landwirt wollte, dass sich die Menschen der Gegend ebenfalls engagieren. Er machte ihnen ein Angebot: Für eine Spende von nur 25 Euro kann nun jeder bei Karsten Padeken eine von insgesamt 150 Blühstreifen-Patenschaften erwerben. »Abgesehen von der Arbeit, die mir die Aktion macht, komme ich so einigermaßen auf meine Kosten dafür, dass ich auf diesem Land nichts ernte. Aber nur, wenn alle 150 Patenschaften weggehen.« Doch es geht ihm nicht alleine um das Geld. Dem engagierten Landwirt ist wichtig, dass nicht jedermann nur mit dem Finger auf die Bauern zeigt. Verantwortung zu übernehmen bedeute halt mehr, als schöne Reden zu schwingen.

Schon eine Woche, nachdem die lokale Nordwest Zeitung über seine Aktion das erste Mal berichtet hatte, waren bereits 40 der 150 Patenschaften vergeben. Es bleibt zu hoffen, dass seine Aktion ein Erfolg wird und auch andernorts Schule macht. Und wäre eine Wildblumenpatenschaft nicht auch das schönere Geschenk als zum Beispiel ein paar aus Kenia oder Kolumbien eingeflogene Rosen, die nach ein paar Tagen in der Vase vor sich hin welken?

Natürlich werden 3 000 Quadratmeter Blühstreifen in Norddeutschland alleine keine seltenen Wildbienen retten oder das Verschwinden von Wiesenvögeln wie dem Kiebitz aufhalten. Aber Karsten Padekens Engagement ist ein Anfang, im besten Fall einer von vielen Anfängen.

Denn die gute Nachricht zum Artensterben ist: Jeder kann etwas dazu beitragen, zumindest einen Teil der Vielfalt zu erhalten. Und je mehr Menschen damit anfangen, umso besser. Der Zeitpunkt dafür erscheint günstig. Viele Bürger entwickeln gerade eine neue Liebe zu den früher so missachteten Insekten – vielleicht nicht gerade für Kakerlaken, zumindest aber für Wildbienen, Schmetterlinge und Marienkäfer.

Und immer mehr Menschen verstehen, warum das Verschwinden von Blühstreifen, Hecken und Feuchtgebieten mit dem Aussterben von Neuntötern, Feldlerchen und Kreuzkröten zusammenhängt. 1,8 Millionen Menschen haben alleine in Bayern ein Volksbegehren für mehr Artenschutz unterschrieben. Sie fordern, das Bayrische Naturschutzgesetz zu ändern – mit dem Ziel, die ökologische Landwirtschaft zu fördern. Außerdem sollen Wiesen und Blühstreifen gefördert, das Grundwasser und Feuchtgebiete geschützt, Biotope erhalten und sinnvoll miteinander vernetzt und auch die Lichtverschmutzung eingedämmt werden. Selbst wenn nicht alle Forderungen geltendes Recht werden sollten, unter den vielen Unterzeichnern müssten sich doch genug finden, die Aktionen wie die von Landwirt Karsten Padeken unterstützen oder selbst den Spaten in die Hand nehmen, um einen insektenfreundlichen Garten anzulegen.

Auch in Europa gilt: Kein Tierschutz ohne Habitatschutz. Für viele Insekten und Vögel reicht bereits ein sehr kleiner Lebensraum: beispielsweise eine Blüh- oder eine Streuobstwiese, ein kleiner Tümpel oder nicht allzu aufgeräumte Waldränder und Lichtungen. Je mehr solcher Minibiotope nicht nur erhalten bleiben, sondern auch neu entstehen, desto dichter wird das Netz dieser Inseln der Artenvielfalt im Land und desto mehr Tiere und Pflanzen profitieren. Artenschutz kann in unserer Kulturlandschaft nur als echte Graswurzelrevolution funktionieren. Je mehr mitmachen – von Landwirten über Gartenbesitzer, Schulen, Städten, Gemeinden und Landkreisen bis zu Politikern –, desto besser. Jeder kann ein Ökoheld und Artenschützer werden.

Am Anfang steht allerdings eine Entscheidung: Will ich einen »ordentlichen« Garten mit einer Rasenfläche, so kurz geschoren wie die Haare von Bruce Willis? Odcr eine Miniwildnis mit Wiesenblumen, einheimischen Sträuchern und Ecken, in denen sogar vermeintliche Feinde des Hobbygärtners wie die bei Schmetterlingen beliebten Brennnesseln eine Existenzberechtigung haben?

Auch Städte und Gemeinden sollten sich fragen, ob jeder Stadtgarten heutzutage noch britische Parks des vorletzten Jahrhunderts zum Vorbild haben muss. Als meine Heimatstadt Köln vor ein paar Jahren damit begann, einige Grünstreifen entlang der viel befahrenen Inneren Kanalstraße mit Wildblumen zu bepflanzen, rieben sich viele Domstädter verwundert die Augen: So einfach kann es sein, ein bisschen Natur mitten in die Großstadt zu holen. »Stadtwiesen statt Rasen« heißt das Modellprojekt des Naturschutzbunds NABU und des

Amts für Landschaftspflege und Grünflächen der Domstadt. Mitten in Köln sollen so seltene Pflanzen wie Glockenblume, Kuckucks-Lichtnelke, Flockenblume, der himmelblau strahlende einheimische Wiesen-Salbei und die Echte Schlüsselblume wieder eine Heimat finden. Und mit ihnen auch seltene Schmetterlinge wie Bläulinge und Zygänen, die wegen ihrer roten Punkte auch Blutströpfchen genannt werden. Da solche naturnahen Wiesen nur selten gemäht werden, entstehen Städten, die Ähnliches unternehmen, kaum zusätzliche Kosten. Man muss sich nur – zumindest in einem Teil der Stadtparks – vom Einerlei der sterilen Zierpflanzen verabschieden und ein wenig Unordnung und Wildnis zulassen.

»Eine blühende Wiese besitzt einen Wert, der finanziell nicht zu ermessen ist. Gerade darum brauchen wir sie mehr denn je.«

Diesem Aufruf des Kölner Naturschutzbundes kann man sich nur anschließen.

Wie erfolgreicher Naturschutz selbst in einer intensiv genutzten Kulturlandschaft funktionieren kann, beweist ein Projekt, das im kleinen Örtchen Billafingen am Bodensee seinen Anfang nahm. Dort lebt Peter Berthold, einer der bekanntesten Ornithologen Deutschlands. Berthold war 14 Jahre lang Leiter der Vogelwarte Radolfzell, einer Zweigstelle des Max-Planck-Instituts in Seewiesen. Auch rund um den Bodensee wurden es immer weniger Vögel, die Berthold und seine Mitarbeiter zu Forschungszwecken fangen und beringen konnten. Seit den 1980ern müsse man leider, betont der Ornithologe immer wieder, von einer »galoppierenden Schwindsucht« sprechen: 80 Prozent weniger Vögel gäbe es inzwischen in Deutschland. Und jedes Jahr verlören wir ein Prozent unserer Vogelindividuen.

Peter Berthold wurde immer klarer, dass dem Artensterben etwas entgegengesetzt werden muss – am besten ein ganz neues Naturschutzkonzept. Es reichte offenbar nicht aus, ein paar Flächen für die Tiere und Pflanzen auszuweisen und sie dann sich selbst zu überlassen. Dort, wo jahrelang nur Zuckerrüben oder Mais wuchsen, musste mehr geschehen.

Berthold hatte die Idee, die gesamte Region mit Schutzgebieten zu überziehen. Zwischen Feldern, Städten und Weinbergen sollten möglichst alle paar Kilometer Naturinseln erhalten werden oder besser noch neu entstehen. »Jedem Dorf einen Weiher!«, war eines von Bertholds Mottos, mit denen er Bürgermeister, Bauern und Privatleute der Region für sein Vorhaben gewinnen wollte.

Um zu prüfen, ob die Idee in der Realität den Erwartungen standhalten würde, rollten im Jahr 2004 in Bertholds Wohnort Billafingen die Bagger an. Sein Freund Heinz Sielmann, der inzwischen verstorbene bekannte Tierfilmer, unterstützte das Vorhaben mit Mitteln aus seiner Stiftung für Naturschutz. Auf einem zehn Hektar großen Areal wurde Erdreich ausgehoben, Wasser eingelassen, es wurden Fische eingesetzt und Büsche gepflanzt. Naturschutz mit dem Bagger!

Ganz Wissenschaftler, der er ist, begleitete Berthold das Projekt mit regelmäßigen Bestandszählungen. Die Ergebnisse bestätigten ihn: Obwohl das Heinz-Sielmann-Weiher getaufte Schutzgebiet gerade mal 1,3 Hektar umfasst, siedelten sich schnell wieder 13 Vogelarten an, die man in Billafingen lange nicht mehr hatte singen hören – darunter gefährdete Arten wie das Schwarzkehlchen.

Die ersten Erfolge bestärkten Peter Berthold in seinen Vorhaben. Mithilfe der Heinz Sielmann Stiftung schaffen Berthold und andere Naturschützer rund um den Bodensee bis heute ein Netz von Lebensräumen für Tiere und Pflanzen. Möglichst engmaschig soll es werden, damit die Biotope nicht voneinander isoliert bleiben und Vögel, Insekten, Amphibien und Säugetiere von Schutzgebiet zu Schutzgebiet wandern können. Nur so können die Bestände wachsen und sich langsam wieder ausbreiten. Der »Biotopverbund Bodensee« umfasst inzwischen über 120 sogenannte Biotopbausteine an über 40 Standorten: Feuchtgebiete nach Vorbild des »Sielmann-Weihers«, Streuobstwiesen und Feuchtwiesen, die von tierischen Landschaftspflegern, von Wasserbüffeln, offen und waldfrei gehalten werden. Manche Tierarten werden ganz gezielt gefördert, beispielsweise werden Storchenhorste oder Nisthilfen für seltene Vögel wie den farbenprächtigen Bienenfresser gebaut. Doch auch am Bodensee gilt die Maxime: kein Artenschutz ohne Biotopschutz.

Der Erfolg ist messbar. Zeitweilig gab es nur noch 101 Vogelarten im Gebiet des heutigen Biotopverbundes. Inzwischen sind es wieder über 180 – und sicher auch ein Vielfaches an zurückgekehrten Insekten.

Das Überzeugende an Peter Bertholds Idee ist, dass sie so pragmatisch und frei von Ideologie ist. Wer sich von dem Ornithologen mitreißen lässt, kann einfach anfangen und mitmachen. So soll das Netz aus Schutzgebieten immer weiterwachsen. Jede Gemeinde und jeder Landschaftsverband ist eingeladen, sich von den Naturschützern beraten zu lassen, welche Maßnahmen weitere Bausteine im Biotopverbund sein könnten.

Außerdem darf sich der Biotopverbund, wenn es nach Peter Berthold geht, gerne auch über die Bodenseeregion hinweg ins ganze Land ausdehnen. Etwa 10 000 Gemeinden gibt es in Deutschland. Schlössen sich alle seinem Projekt an – mit jeweils nur einem Weiher oder einem anderen Lebensraum –, dann ließe sich das große Insekten- und Vogelsterben in Deutschland vielleicht aufhalten.[28]

»Rette die Bienen!« Diese Aufforderung erreichte mich am heutigen Morgen per Social Media von einer großen Supermarktkette. Man kooperiere, vermeldete der Discounter, mit der Universität Hohenheim und der Heinz Sielmann Stiftung und richte in der direkten Umgebung von über 30 Logistikzentren gerade Tausende Quadratmeter Blühstreifen für Wildbienen und andere Insekten ein. Das soll das Unternehmen ruhig machen. Wie die Ökobilanz der Handelskette insgesamt ausfällt, kann ich nicht beurteilen.

Ich frage mich allerdings gerade, was es bedeutet, wenn im Jahr 2019 Insekten plötzlich zum Werbebotschafter einer Supermarktkette werden. Vielleicht ist es ein gutes Zeichen: Der Blick auf Insekten macht gerade einen erstaunlichen Wandel durch.

»Nur was wir kennen, verstehen und vielleicht sogar bereit sind zu lieben, wollen wir auch erhalten.«

Mit diesem Gedanken habe ich das Buch begonnen. Vielleicht, so ist zu hoffen, renne ich damit gerade viele bereits weit geöffnete Türen ein.

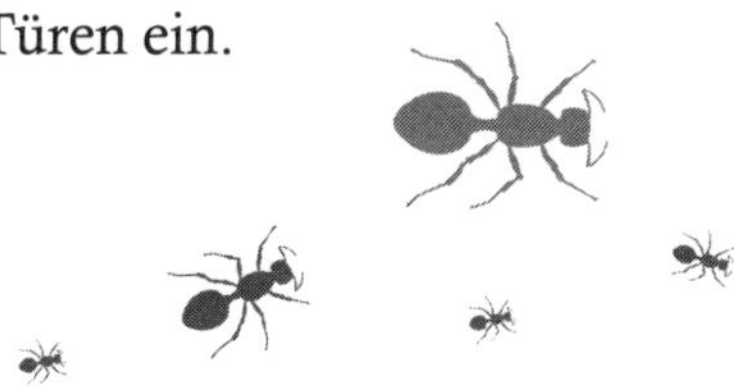

KAPITEL DREIUNDZWANZIG

Thriller im Baggersee

Manchmal bekommt die Natur auch dort eine zweite Chance, wo man es am wenigsten erwartet. Und manchmal geschieht das fast von alleine. Vom Oberrheintal war hier schon die Rede. Und davon, wie radikal der Mensch dort die Landschaft verändert hat.

Der einst sich in unzähligen Kurven dahinwindende Rhein wurde kanalisiert, Altrheinarme wurden trockengelegt, aus einem riesigen Feuchtgebiet wurde im Lauf der Zeit eine artenarme Agrarlandschaft. Doch damit nicht genug. Überall entlang des Rheins reißen riesige Bagger bis heute tiefe Wunden in die Landschaft. Der Mensch fördert dort Sand und Kies als Baumaterial. Weil entlang des Stroms der Grundwasserspiegel hoch ist, laufen die Kiesgruben vom ersten Tag an mit Grundwasser voll. Baggerseen entstehen. In solchen künstlichen Gewässern erwartet man kaum ein Tier- und Pflanzenparadies. Doch ab und an gibt es eine Überraschung …

Im Jahr 2014 lernte ich den Biologen Serge Dumont kennen. Er ist Biologieprofessor an der Universität von Straßburg, darüber hinaus ist er aber auch ein fanatischer Taucher und außergewöhnlicher Kameramann, spezialisiert auf Unterwasseraufnahmen. Serge Dumont sollte meinen Blick auf die Natur noch ein Stückchen weiter öffnen: Es gibt nicht nur kleine unscheinbare und leicht zu übersehende Arten. Manchmal unterschätzt man auch ganze Lebensräume! Auch deren Schönheit eröffnet sich nur denjenigen, die bereit sind, genauer hinzuschauen. Und genau das tut der Tierfilmer.

Der Kölner Filmproduzent Thomas Weidenbach hatte uns miteinander bekannt gemacht – für ein ungewöhnliches Projekt: einen Naturfilm über das Leben in einem Baggersee. Natürlich tauche er auch gerne in tropischen Riffen voller bunter Fische, erklärte mir der Biologieprofessor, als wir uns das erste Mal trafen. Aber er lebe halt im Oberrheintal und nicht in Indonesien, Costa Rica oder Australien.

Ob denn so ein menschgemachter See genug für einen 45-minütigen Naturfilm hergebe, wollte ich wissen. »Die meisten Baggerseen sind wirklich nichts Besonderes«, bestätigte er meine Bedenken. »In Badeseen, wo die Ufervegetation regelmäßig platt getrampelt wird, und auch dort, wo Angler massenhaft Karpfen für ihr Hobby aussetzen, sieht es schlecht aus.« Zum Glück kenne er aber ein paar Seen, die nicht so leicht zu finden seien und deshalb von Anglern und alles verheerenden Badegästen verschont würden. Diese Kiesgruben habe sich die Natur zurückerobern können.

Der tauchende Professor lud mich zu sich nach Hause ein und zeigte mir seine besten Aufnahmen. Und es war fast unglaublich, was man alles in einem vermeintlich schnöden Baggersee entdecken kann.

Serge Dumont ist ein Forscher mit der Kamera. Für ihn ist alles gleich schön: ein imposanter Wels genauso wie eine zentimeterkleine Süßwasserqualle. Er filmt vom

Aussterben bedrohte Flussaale, aber auch winzige Moostierchen, die sich mit ihren noch kleineren Flimmerhärchen Schwebteilchen als Nahrung in den Mund bugsieren. Der Kameramann taucht manchmal bis zum Grund der oft über 50 Meter tiefen Gewässer. Dort dokumentierte er die geheimnisvolle Welt derjenigen Tiere, die auf alles warten, was von oben in die dunkle Welt herabsinkt – die Zersetzer.

Plattwürmer, rote Tubifexwürmer und Flohkrebse ernähren sich von abgestorbenen Pflanzen und Tieren. Überall in der Kiesgrube wuchern Süßwasserschwämme, die den Grund wie bunte Steine überziehen. So wie Serge Dumont, das wurde klar, hatte noch nie jemand eine vermeintlich unscheinbare Kiesgrube in Szene gesetzt.

Der Biologe benutzt zum Tauchen einen sogenannten *Rebreather*, ein Atemgerät, das sehr leise ist und keine Blasen macht. Er verfolgt keine Tiere, sondern wartet oft über viele Minuten bewegungslos und lässt Fische und Wasservögel auf sich zukommen. Auf diese Weise gelingen ihm Aufnahmen von Verhaltensweisen, die vorher noch nie beobachtet wurden.

So wurden ein paar Haubentaucher, Wasservögel aus der Familie der Lappenvögel, zu den heimlichen Stars unserer Filme. Die entengroßen Vögel sind Unterwasserjäger und haben es meist auf kleine Fische abgesehen. Das war bereits bekannt. Wie sie es aber schaffen, flinke Fische in deren ureigenen Element zu schnappen, hatte noch niemand beobachtet. Denn Haubentaucher sind vorsichtige Vögel. Bevor sie abtauchen, strecken sie ihren Kopf ins Wasser und schauen, ob unter ihnen eine Gefahr lauern könnte. Ist da unten etwas Unbekanntes, zum Beispiel der Tierfilmer Serge Dumont, schwimmen sie weiter und machen ihre Unterwasserjagden lieber an einem anderen Ort.

Doch damit wollte sich der Biologieprofessor nicht abfinden. Er schulterte viele Male seinen *Rebreather* und tauchte ab ins Jagdrevier der schlanken Wasservögel. Mit der Zeit akzeptierten die Haubentaucher den seltsamen Gast und gingen schließlich direkt vor seiner Kamera auf Nahrungssuche. Serge Dumont enthüllte so zum ersten Mal, wie die Vögel es anstellen, ihre Beute zu schnappen. Die Unterwasserjäger suchen zwischen Wasserpflanzen nach Fischen, also genau dort, wo diese sich eigentlich vor ihnen verbergen wollen. So in die Ecken gedrängt wird aus dem Versteck eine tödliche Falle. Und was selbst Dumont überraschte: Die Wasservögel verschlingen ihre Beute bereits unter Wasser und jagen dann weiter, solange die Atemluft reicht. Die Natur birgt immer noch Überraschungen – manche direkt vor unserer Haustür in einem schnöden Baggerloch.

Serge Dumont machte für unsere Filme eine zauberhafte Welt sichtbar – Rückzugsorte für Fische, Vögel, Krebse und Insekten mitten im so geschundenen Oberrheintal. Natürlich können ein paar Kiesgruben nicht ersetzen, was der Mensch über Jahrhunderte hinweg entlang des Rheins zerstört hat. Aber den ökologischen Wert solcher Feuchtgebiete zu erkennen und zu erhalten ist zumindest ein Anfang.

Wie bereits erwähnt, hat sich die Wasserqualität des Rheins in den letzten Jahrzehnten dank moderner Kläranlagen wesentlich verbessert. Auch wird vielerorts dem Fluss wieder mehr Raum gegeben: Schneisen werden in seine Deiche geschlagen, alte, über Jahrzehnte abgeschnittene Flussarme werden so wieder mit dem Rhein verbunden. Auf die Art entstehen neue Lebensräume voller Verstecke und Laichgelegenheiten für Fische.

Mehr als 50 Fischarten, fast die gesamte einstige Artenvielfalt, findet so wieder ein sicheres Zuhause entlang des Rheins. Auwälder, die mit jedem Hochwasser überschwemmt werden, blühen wieder auf.

Noch ist das Comeback der Natur am Rhein ein zartes Pflänzchen. Es gibt noch immer viel zu wenige gesunde Feuchtgebiete entlang des Oberrheins. Zudem gelangen von den umliegenden Feldern durch übermäßiges Düngen weiterhin zu viele Nährstoffe über das Grundwasser in die empfindlichen Biotope. Das fördert Algen, die sich breitmachen und alles überwuchern – das größte Problem für die Artenvielfalt links und rechts des großen Stroms.

Serge Dumont ist im Lauf der Jahre vom Biologieprofessor erst zum Tierfilmer und schließlich zum Umweltaktivisten geworden. Mit unseren inzwischen zwei Filmen reist er durch seine Heimat, bei öffentlichen Vorführungen zeigt er Tauchern, Anglern, Landwirten und Kommunalpolitikern, welchen Schatz es zu bewahren gilt.

Er hat Hechte bei der Paarung beobachtet, Frösche jagende Ringelnattern und die letzten Großen Brachvögel des Elsass vor seine Kamera bekommen. Es ist allerdings – wie sollte es für mich auch anders sein – ein eher unscheinbares Insekt, das mein persönlicher Star in Dumonts Unterwasserkosmos geworden ist: die Gemeine Becherjungfer, eine kleine Libelle.

Wenn Biologen ein Tier »gemein« taufen, geht es dabei nicht um sein Verhalten oder gar seinen Charakter. Im

Biologensprech bedeutet »gemein« vielmehr »gewöhnlich« oder auch »weitverbreitet«. Die Gemeine Becherjungfer – endlich mal keine Hiobsbotschaft – ist eine noch häufig vorkommende Libellenart in Mitteleuropa. »Gewöhnlich« ist ihr Verhalten allerdings ganz und gar nicht.

Bei einem seiner vielen Tauchgänge entdeckte Serge Dumont inmitten einiger Wasserpflanzen, in über einem Meter Wassertiefe, ein erwachsenes Becherjungfer-Weibchen. Dass die räuberischen Larven aller Libellenarten aquatisch, also unter Wasser leben, ist bekannt. Doch eine tauchende erwachsene Libelle überraschte selbst den Biologen Dumont. Er beschloss, das rätselhafte Verhalten der Gemeinen Becherjungfern genauer unter die Lupe zu nehmen – mit seiner Kamera, selbstredend.

Fast alle Libellenarten paaren sich in der Nähe der Gewässer, in denen ihre Larven heranwachsen werden. Nach der Libellenhochzeit suchen sich die Tiere einen Platz für die Eiablage. Manche Weibchen werfen dann ihre Eier einfach im Flug über dem Gewässer ab. Andere landen auf Wasserpflanzen, tauchen ihren schlanken Hinterleib unter die Oberfläche und bohren ihre Eier in den Pflanzenstängel. Bei vielen Libellenarten lässt das Männchen sein Weibchen zwischen Paarung und Eiablage nicht alleine, um zu verhindern, dass noch andere Männchen seine Auserwählte begatten. Mit Zangen an seinem Hinterleib packt das Männchen sein Weibchen am Kopf, und gemeinsam geht das Paar im Tandemflug auf die Suche nach einem passenden Ort für die Eier.

Nicht anders verhält es sich auch bei der Gemeinen Becherjungfer – so weit, so normal. Doch sobald das

Becherjungfernpaar sich auf einer Wasserpflanze niedergelassen hat, geschieht etwas Sonderbares. Das Jungfernweibchen marschiert wie eine lebensmüde Selbstmörderin am Pflanzenstängel unter Wasser und scheint ihren Partner mit in ihr feuchtes Grab hinabzuziehen. Erst im letzten Moment lässt das Männchen los, sie aber setzt ihren Weg unbeirrt fort. Immer tiefer krabbelt sie entlang der Pflanze. Bis zu zwei Meter unter der Oberfläche und eineinhalb Stunden lang taucht das tapfere Insekt. Natürlich war es kein Insektensuizid, dessen Zeuge Serge Dumont hier wurde …

Dumont war auch nicht der erste Biologe, der das merkwürdige Treiben der Becherjungfern beobachtete, aber er war der erste, der es filmte. Dreißig-, vierzigmal musste der Tierfilmer zurückkehren, bis er jede Facette des Verhaltens im Kasten hatte.

Das Libellenweibchen wird zum Tieftaucher, um unter Wasser seine Eier in Pflanzenstängel zu bohren. Dabei folgt es einem Muster: Krabbeln, bohren, ein Ei platzieren, noch tiefer krabbeln, wieder bohren, noch ein Ei unterbringen und immer so weiter. Manchmal wechselt das Tierchen sogar geschickt von Pflanze zu Pflanze, indem es mit seinem Hinterleib wie einer Schwanzflosse paddelt.

Die Becherjungfer erstickt während der langen Eiablage nicht, obwohl sie anders als ihre Larve keine Kiemen besitzt. Dafür umgibt sie eine dünne Hülle aus Luft, die diese Funktion übernimmt: Aus dieser Luftschicht strömt der lebensnotwendige Sauerstoff in die Atemlöcher der Libelle. Dadurch nimmt der Sauerstoffgehalt des kleinen Luftvorrats zwar rasch ab, dennoch muss das

Tier nicht auftauchen. Ist die Sauerstoffkonzentration in der Lufthülle geringer als im Wasser, das die Libelle umgibt, strömen Sauerstoffmoleküle aus dem Wasser in die Hülle. Diffusion nennen Physiker diesen Vorgang, Biologen bezeichnen den Trick der Libelle deshalb auch als »physikalische Kieme«.

Doch wozu der ganze Aufwand? Man kann nur spekulieren. Vielleicht entgehen die Gemeinen Becherjungfern so Attacken größerer Libellen – Auseinandersetzungen um begehrte Eiablagestellen an der Wasseroberfläche. Es könnte auch sein, dass sie durch ihr mutiges Abtauchen sicherstellen, dass ihre kostbaren Eier auch dann nicht trockenfallen, wenn in regenarmen Sommern der Wasserstand in ihrem Feuchtbiotop sinkt.

Wenn das letzte Ei untergebracht ist, lässt die Becherjungfer einfach los. Die Luft in ihren Atemorganen, den Tracheen, lässt sie einem Engel gleich wieder an die Wasseroberfläche aufsteigen. Doch damit ist die Geschichte noch nicht zu Ende. Die Oberflächenspannung hält das Libellenweibchen gefangen; sie sorgt dafür, dass das Insekt nicht einfach wieder losfliegen kann. Hilflos zappelt das Libellenweibchen, wo es aufgetaucht ist.

Das ruft gefährliche Wasserläufer, Raubinsekten aus der Ordnung der Wanzen, auf den Plan. Mit ihren dünnen Beinchen flitzen sie über die Wasseroberfläche und überfallen die wehrlosen Libellen. Doch glücklicherweise sorgen Becherjungfernmännchen für ein Happy End. Wie kleine Helikopter patrouillieren sie über der Wasseroberfläche. Sie sind laufend auf der Suche nach Weibchen, mit denen sie sich paaren können, und vertreiben die hungrigen Wasserläufer mit wütenden Flugattacken.

Vom Zappeln des Weibchens angelockt landet eines der Männchen auf der Auserwählten, packt sie mit seinen Hinterleibszangen und setzt seine Flügel mit voller Kraft in Bewegung. Am Ende erheben sich beide Tiere in die Luft, und das Weibchen ist gerettet.

Ein Thriller mit gutem Ausgang, zu beobachten in Flussarmen und Baggerseen ganz in unserer Nähe.

KAPITEL VIERUNDZWANZIG

Lieblingstiere

Von meiner starken Beziehung zu indonesischen Bindenwaranen war schon am Anfang dieses Buches die Rede. Dass es relativ unmöglich war, einer solchen Riesenechse in den Tulpenbeeten meines Vaters zu begegnen, musste ich schon als Kind einsehen. Doch der Traum sollte sich in einem anderen Garten erfüllen. Im Jahr 2010 war ich mit meiner Familie im Urlaub in Thailand. Nach einem zwölfstündigen Flug und mit einem darauffolgenden heftigen Jetlag wollten wir es langsam angehen lassen. Bei 30 Grad im Schatten entschieden meine Freundin und ich uns, mit unserem sechsjährigen Sohn zum Tretbootfahren in den Lumphini Park im Zentrum der 15-Millionen-Metropole Bangkok zu gehen.

Der Lumphini Park ist ein gepflegter Stadtgarten mit kurz gehaltenem Rasen. Hier treffen sich Einheimische zum Tai-Chi, es gibt einen Trimm-dich-Pfad und Tische, an die sich Familien zum Picknick setzen. Und es gibt einen künstlichen See mit Tretboot-Verleih. Dort mieteten wir uns ein Bötchen. Schon nach wenigen Minuten Fahrt bewegte sich etwas im trüben Wasser. Eine schlanke Gestalt schlängelte sich an uns vorbei – mindestens eineinhalb Meter lang. Mitten in Bangkok begleitete ein Bindenwaran unser Tretboot. Wir schipperten weiter, unter einer Brücke hindurch, und nach einer Kurve lagen mindestens 20 ausgewachsene Echsen in der Nachmittagssonne. Was wir nicht gewusst hatten: Der Lumphini Park ist ein echtes Waranparadies.

Inzwischen sind Bangkoks Warane zu einer wahren Touristenattraktion geworden. Geschätzte 400 Tiere soll der gerade mal fünf Hektar große Stadtpark beherbergen. Allerdings geht nicht für jeden Einwohner Bangkoks ein Kindheitstraum in Erfüllung, wenn er einem Waran begegnet. Viele Besucher des Parks haben vor den riesigen Echsen Angst, auch wenn die Reptilien noch nie einen Menschen angegriffen haben. Im Jahr 2016 ließ die Stadtverwaltung Tierfänger anrücken, die etwa 40 der Riesenechsen einsammelten und in eine Art Wildpark umsiedelten. Eine sicher eher symbolische Aktion, um zu zeigen, dass man etwas unternimmt. Die aber auch beweist, dass Tierliebe abhängig davon ist, ob man als Kind von Riesenechsen in fernen Ländern träumt oder ob man morgens ungestört und angstfrei im Lumphini Park joggen gehen will.

Ähnlich ist es bei uns in Deutschland mit der Rückkehr des Wolfes. Über Jahrhunderte hinweg wurden die großen Raubtiere unerbittlich gejagt und schließlich in Deutschland ausgerottet. Dass sich nun wieder Wölfe bei uns ansiedeln und vermehren, ist für die meisten ein ermutigendes Zeichen: Die Wildnis kann auch zu uns zurückkehren. Andere befürchten genau das, denn das Wilde, das Ungeordnete, macht ihnen Angst. Nicht nur Schafzüchter, für die der Wolf wirklich eine Bedrohung sein kann, lehnen ein großes Raubtier in unserer Landschaft ab. So spaltet der Wolf die Gemüter und ist sogar zum Wahlkampfthema für Politiker geworden. Und er zeigt, wie sich der Blick auf manche Tiere im Lauf der Zeit ändern kann.

Es gibt Hundehalter und Katzenfreunde, Menschen, die sich für Vögel begeistern, solche, die Riesenfauchschaben oder Vogelspinnen halten, und andere, die sich mit Riesen-Ameisenpittas anfreunden. Auch mir sind im Laufe meines Biologenlebens immer wieder neue Lebewesen ans Herz gewachsen. Einem davon sei das Ende dieser kleinen Reise ins Reich der Unbeliebten und Unscheinbaren gewidmet: dem Weinhähnchen.

Wenn man drei Jahre seines Lebens tropischen Grillen widmet, ihren Gesang aufnimmt, sich die Aufnahmen immer wieder anhört und am Computer analysiert, verändert das auch im Alltag generell die eigene Art, auf Geräusche zu reagieren. Überall meint man werbende Grillenmännchen zu vernehmen. Als versteckte Botschaft in Popsongs oder auch, wenn am Auto etwas rhythmisch quietscht.

Mit einem auf diese Art geschärften Gehör radelte ich eines Nachts im Spätsommer am Kölner Rheinufer entlang. Normalerweise hört man dort nur wenige Insekten zirpen, meist nur das helle *zick zick* des Großen Grünen Heupferds, einer großen, blattartigen Heuschrecke. An diesem Abend aber war da dieser zarte Gesang, der mich sofort an einen Abend in Spanien oder Italien denken ließ. Ich hörte den Lockruf einer Blütengrille – oder eines Weinhähnchens, wie man die Art in Süddeutschland nennt. Ich hielt an und merkte, dass das ganze Ufer voller singender Grillen sein musste.

Das Weinhähnchen, *Oecanthus pellucens*, lebt eigentlich rund um das Mittelmeer. Nördlich der Alpen hörte man früher die Blütengrillen nur im warmen Oberrheintal. Weiter nach Norden begrenzten die kühlen Mittelgebirge Eifel, Westerwald und Spessart seine weitere Verbreitung.

Die zarte Tierstimme plötzlich in Köln zu hören war also ein gutes und ein schlechtes Zeichen zugleich: Das Zirpen war einerseits eine Bereicherung, weil es seitdem romantische Sommernächte auch am Kölner Rheinufer untermalt. Andererseits zeigte das Vordringen des Weinhähnchens, wie sich unser Klima erwärmt. Jetzt, 15 Jahre nach jener Sommernacht in Köln, ist die Blütengrille schon in den Niederlanden und Belgien angekommen.

Doch wie konnte das wärmeliebende Tier so rasch nach Norden vordringen? Die Tiere leben auf krautigen Pflanzen, vertilgen dort Staub- und Blütenblätter. Ihre Eier bohren die Weibchen in die Stängel ihrer Wirtspflanzen. Lange Wanderungen unternehmen die zarten Tiere aber eigentlich nicht. Dass sie dennoch so schnell vorankamen, haben die Grillen dem Rhein zu verdanken. Bei jedem Hochwasser reißt der Strom immer wieder Pflanzen mit, manchmal große Äste und Büsche. Es wird vermutet, dass die Grillen oder ihre Eier – eher unfreiwillig – solche Pflanzenteile als Transportmittel, sozusagen als Schnellboot gen Norden, nehmen.

Mir persönlich gefällt die Vorstellung, wie eine Blütengrille in Basel ihre Bootsfahrt beginnt, sie nach ein paar Tagen wie ein japanischer Tourist das berühmte Mittelrheintal durchschippert, die Loreley hinter sich lässt und so die Mittelgebirgsbarriere überwindet. Schließlich wird ihr Floß in Köln an Land gespült, und die kleine Grille macht sich daran, ihre neue Heimat zu erobern. Meine Heimatstadt wird damit 2000 Jahre, nachdem die Römer sie gegründet haben, erneut eine mediterrane Metropole – zumindest was das nächtliche Insektenkonzert betrifft.

Der Mensch ist gerade im Begriff, die Erde völlig auf den Kopf zu stellen. Es gibt sicher keinen Ort mehr auf unserem Planeten, an dem der menschliche Einfluss nicht spür- oder messbar wäre. Deshalb schlug der niederländische Chemiker Paul Crutzen vor, das gegenwärtige Erdzeitalter das *Anthropozän* zu nennen – die vom Menschen geprägte neue Ära. Wenn wir nicht aufpassen, wird der Wandel im *Anthropozän* nur einen Bruchteil der Tier- und Pflanzenarten so begünstigen wie das Weinhähnchen am Kölner Rheinufer. Viele werden stattdessen vor massiven Problemen stehen, wenn wir tatenlos bleiben.

Aber wäre es nicht schade um all die Arten, von denen Millionen noch nicht mal einen Namen haben – und die uns ihre wundersamen Geschichten noch nicht erzählt haben?

Dank

Ohne meinen Mentor Professor Martin Dambach wäre ich den Insekten nie so nahegekommen. Von ihm mit vielen Diskussionen und Ratschlägen begleitet, habe ich mit dem Schreiben begonnen. Ihm gebührt mein Dank auch dafür, dass er mich auch bei der Entstehung dieses Buches unterstützt und beraten hat.

Ich danke den Gemeinden Yuguilla, San Pablo de Kantesiya, San Francisco de las Pampas und der *Fundación Otonga*. Sie haben mich mit weit geöffneten Armen eingeladen, in ihren Wäldern zu arbeiten, ob als Wissenschaftler oder als Journalist.

Professor Giovanni Onore danke ich für seine Energie, die letzten Naturparadiese Ecuadors zu erhalten, außerdem für seine Gastfreundschaft und Unterstützung auf allen Reisen durch Ecuador.

Santiago Molina und Marisol Ayala haben mir als Erste von Yumbos Geschichte und dem Comeback der Brillenbären rund um Quito erzählt. Vielen Dank dafür.

Professor Serge Dumont danke ich für alles, was ich durch seine Arbeit über Baggerseen, Haubentaucher und Bachjungfern lernen durfte.

Thomas Weidenbach vielen Dank für jahrelange journalistische Zusammenarbeit und unzählige Diskussionen darüber, wofür wir überhaupt schreiben oder Filme machen.

Meinen Eltern Gitta und Wolfgang sei gedankt, dass sie mein Forschertum nicht nur ertragen, sondern von Anfang an gefördert haben.

Mit konstruktiver Kritik hat Petra Sperling das entstehende Manuskript immer wieder unter die Lupe genommen. Dafür bin ich sehr, sehr dankbar, meine allerliebste Petra!

Anmerkungen

1 T. Holstein, P. Tardent: An ultrahigh-speed analysis of exocytosis: nematocyst discharge, *Science,* 24 Feb 1984

2 Sanchari Banerjee u.a.: Structure of a heterogeneous, glycosylated, lipid-bound, *in vivo*-grown protein crystal at atomic resolution from the viviparous cockroach *Diploptera punctata,* IUCrJ, Volume 3 (2016)

3 Jean-Henri Fabre, *Erinnerungen eines Insektenforschers,* aus dem Französischen von Friedrich Koch, ©MSB, Matthes & Seitz Berlin Verlagsgesellschaft mbH

4 ebd.

5 ebd.

6 ebd.

7 Der britische Biologe Richard Dawkins rückte schon 1976 in seinem Buch »Das egoistische Gen« die Gene als den Ort in den Mittelpunkt, an dem die Evolution wirkt. Jedes Lebewesen habe schlussendlich nur ein Ziel: seine Gene zu erhalten und weiterzugeben. Ihm gehe es nicht um die Erhaltung seiner Art.

8 Über die Anlockung des Weibchens von Gryllus campestris L. durch telephonisch übertragene Stridulationslaute des Männchens. Ein Beitrag zur Orientierung bei den Insekten. Pflügers Archiv für die gesamte Physiologie des Menschen und der Tiere, Dezember 1913

9 Mónica I. Retamosa Izaguirre, Oscar Ramírez-Alán & Jorge De la O Castro: »Acoustic indices applied to biodiversity monitoring in a Costa Rica dry tropical forest«, Digital Repository for Área de Conservación Guanacaste, 2018

10 Terry L. Erwin: Tropical Forests: Their Richness in Coleoptera and Other Arthropod Species; The Coleopterists Bulletin, Vol. 36, No. 1, (Mar., 1982), pp. 74–75

11 Lateinamerikas Ureinwohner bezeichnen sich selbst als *Indigenas*. Den bei uns gebräuchlichen Ausdruck Indianer lehnen sie ab. Indigene ist natürlich auch nur eine Verallgemeinerung, gibt es doch in ganz Amerika eine Vielzahl von Völkern mit unterschiedlicher Kultur und unterschiedlichen Sprachen. In Amazonien sprechen die Einheimischen stolz von *naciónes*, also verschiedenen Nationen wie den *Cofán*, den *Shuar*, den *Huaorani* und vielen mehr.

12 https://www.youtube.com/watch?v=Nw5MLAukKs&feature=youtu.be

13 Alexander L. Stubbs, Fernando Montealegre-Z.: Recording of »sonic attacks« on U.S. diplomats in Cuba spectrally matches the echoing call of a Caribbean cricket, 2019, bioRxiv

14 Zhiyuan Shen, Thomas R. Neil, Daniel Robert, Bruce W. Drinkwater, Marc W. Holderied: Biomechanics of a moth scale at ultrasonic frequencies, PNAS November 27, 2018

15 Harmonische Obertöne sind Töne, deren Frequenz ein ganzzahliges Vielfaches eines Grundtons ist. Die Feldgrille *Gryllus campestris* beispielsweise singt mit einer Trägerfrequenz von etwa 5 000 Hertz (Schwingungen pro Sekunde). Ihre harmonischen Obertöne

haben also Frequenzen von 10 000, 15 000, 20 000 Hertz.

16 Nischk, F; Otte, D: Bioacoustics, Ecology and Systematics of Ecuadorian Rainforest Crickets (Orthoptera: Gryllidae: Phalangopsinae), with a Description of Four New Genera and Ten New Species, 2000, Journal of Orthoptera Research

17 Bromelien und Insekten stehen in vielerlei Beziehung zueinander. Einen faszinierenden Einblick gibt diese US-amerikanische Überblicksstudie: J.H. Frank & L.P. Lounibos: Insects and allies associated with bromeliads: a review; Terr Arthropod Rev. 2009 (https://www.ncbi.nlm.nih.gov/pmc/articles/PMC2832612/)

18 The largest animal association centered on one species: the army ant *Eciton burchellii* and its more than 300 associates; Insect. Soc. (2011) 58:281–292

19 Hidden Diversity Behind the Zombie-Ant Fungus *Ophiocordyceps unilateralis*: Four New Species Described from Carpenter Ants in Minas Gerais, Brazil, 2011, PLoS ONE 6(3): e17024. https://doi.org/10.1371/journal.pone.0017024

20 http://entnemdept.ufl.edu/walker/ufbir/index.shtml, herausgegeben von Thomas J. Walker. Das *Book of Insect Records* versammelt eine Vielzahl von Höchstleistungen aus der Welt der Kerbtiere. Welche Insekten sind am größten, am schwersten bzw. am kleinsten und leichtesten? Welche haben die meisten Nachkommen und welche leben am längsten?

21 Der Bericht räumt ein, dass die Zahl nur eine Schätzung ist. Ungewiss sei vor allem die Zahl vom Aussterben bedrohter Insektenarten.

22 Common European birds are declining rapidly while less abundant species' numbers are rising, Ecology Letters, (2015) 18: 28–36

23 Long-term declines of European insectivorous bird populations and potential causes, Conservation Biology (2019)

24 Sorg, M.; Schwan, H.; Stenmans, W. & A. Müller: Ermittlungen der Biomassen flugaktiver Insekten im Naturschutzgebiet Orbroicher Bruch mit Malaise-Fallen in den Jahren 1989 und 2013, Mitteilungen aus dem Entomologischen Verein Krefeld, Vol. 1 (2013)

25 Francisco Sanchez-Bayo und Kris A.G. Wyckhuys: Worldwide decline of the entomofauna: A review of its drivers. Biological Conservation, Volume 232 (2019)

26 B.C. Lister, A. Garcia: Climate-driven declines in arthropod abundance restructure a rainforest food web, Proc. Natl. Acad. Sci (2018)

27 Helgen, Kristofer M.; Pinto, C. Miguel; Kays, Roland; Helgen, Lauren E.; Tsuchiya, Mirian T.N.; Quinn, Aleta; Wilson, Don E.; Maldonado, Jesús E. (15 August 2013). »Taxonomic revision of the olingos (Bassaricyon), with description of a new species, the Olinguito«. ZooKeys (324): 1–83.

28 Wer mehr über einen der erfolgreichsten Naturschützer des Landes erfahren will, dem sei Peter Bertholds Biografie »Mein Leben für die Vögel« empfohlen. Franck-Kosmos Verlag, Stuttgart, 2016